Karl Deisseroth

Les fils tressés de nos sentiments

Vers une nouvelle science des émotions

Traduit de l'anglais (États-Unis)
par Nicolas Chevassus-Au-Louis

DUNOD

First published in the United States in 2021 by Random House,
an imprint and division of Penguin Random House.

L'édition originale de cet ouvrage a été publiée
aux États-Unis en 2021 par Random House,
une marque et branche du groupe Penguin Random House.

Direction artistique : Nicolas Wiel
Couverture : Florie Bauduin
Illustration de couverture : d'après © Shutterstock / Hein Nouwens,
Art_Textures, Bro Crock
Mise en page : Nord Compo

11 rue Paul Bert, 92240 Malakoff
www.dunod.com

ISBN 978-2-10-083575-1

Prologue

« Après son, lumière et chaleur,
souvenir, volonté et compréhension. »

James Joyce, *Finnegans Wake**

Dans l'art du tissage, les fils de chaîne jouent un rôle crucial : ils créent la trame qui permettra aux fibres de se croiser pour former le tissu. Tendu à travers le vide, les fils de chaîne unissent le passé déjà formé, le présent en construction et l'avenir encore indéfini de l'ouvrage.

La tapisserie de l'histoire humaine a ses propres fils de chaîne solidement reliés aux vallées de l'est africain, qui rapprochent les vies tellement différentes qui se sont succédées depuis des millions d'années, des gravures sur les parois des grottes des âges glaciaires à notre monde numérique en passant par l'âge de la pierre et l'âge du fer.

Le travail intérieur de l'esprit donne leur forme à ces fils, créant une structure qui nous est propre et qui va permettre à chaque histoire individuelle de se tisser. Les motifs et les couleurs naissent des fils transversaux qui apportent nos moments de vie et nos expériences. À la fin, les fils de chaîne sont devenus invisibles, et l'on ne voit plus que le tissu d'une vie, avec ces motifs entremêlés et souvent ravissants.

Ce livre est l'histoire de ce tissage chez des personnes malades, des esprits où les fils de chaîne sont exposés, au grand jour, et tellement révélateurs.

---

* Traduit par Philippe Lavergne (Gallimard, 1982).

*

Toutes les histoires de ce livre ont eu lieu dans l'ahurissante intensité de services d'urgence psychiatrique. Puisque nous cherchons à mettre à jour les mécanismes communs de construction de l'esprit humain, il faut être aussi précis que possible dans la description des états intérieurs abîmés, voire ravagés. La description des symptômes des patients sera toujours authentique. Elle conservera la nature, le timbre, l'esprit de ces expériences, même si de nombreux détails ont été modifiés pour respecter l'anonymat des malades.

De même, les puissantes techniques de neurosciences décrites dans ce livre – qui offrent une approche complémentaire à celle de la psychiatrie pour aborder le cerveau – sont entièrement réelles, même si elles semblent parfois issues de la science-fiction et ont des propriétés souvent dérangeantes. On verra que ces techniques ont été publiées dans des articles de revues scientifiques provenant de laboratoires du monde entier, dont le mien.

Mais même l'alliance de la médecine et de la science ne suffit pas à décrire l'expérience humaine intime. C'est pourquoi certaines des histoires de ce livre seront racontées non du point de vue d'un médecin ou d'un scientifique, mais selon la perspective du patient, parfois à la première ou à la troisième personne, mais parfois aussi dans le langage déstructuré d'états mentaux qui le sont tout autant. Lorsque des pensées, des sentiments ont des souvenirs, seront décrits ainsi, il ne faudra y lire ni science ni médecine, mais une tentative incertaine et humble de mon imagination de créer une conversation avec ces voix que je n'ai jamais entendues, mais dont j'ai souvent perçu l'écho. Parvenir à saisir les émotions et les perceptions que ressentent et perçoivent les patients, à travers les distorsions provenant tant de l'observateur que de l'observé, est le principal défi de la pratique de la psychiatrie. Mais il va de soi que les voix les plus intérieures des défunts comme des mutiques, de ceux qui ont disparu ou qui se taisent à jamais, restent inaccessibles.

L'intérêt de cette approche par l'imaginaire est incertain, et en tout cas pas prouvé, mais il est en revanche certain que les neurosciences modernes comme la psychiatrie, chacune prise isolément, rencontrent de sérieuses limites. Les idées tirées de la littérature m'ont toujours paru de la plus haute importance pour comprendre les patients, offrant sur le cerveau bien plus d'information que le meilleur des microscopes. Je tiens toujours la littérature pour aussi importante que la science pour réfléchir à l'esprit. Dès que j'ai un moment, je reviens à ma vieille passion pour l'écriture, même si pendant des années elle est restée comme des braises couvant sous les cendres et la neige de la science et de la médecine.

L'approche conceptuelle de ce livre reposera donc sur trois perspectives indépendantes, la psychiatrie, l'imagination, et les techniques des neurosciences, et ce d'autant plus qu'elles ont très peu en commun.

Ce livre est donc d'abord l'histoire d'un psychiatre, racontée à travers une série d'expériences cliniques impliquant chacune une ou deux personnes. Comme le montre la métaphore du tissage, des fils structuraux cachés peuvent être mis à jour (de même que la mutation d'un fragment d'ADN permet de comprendre la fonction normale du gène défectueux). Le brisé décrit l'intact. Chacun de ces récits souligne combien l'expérience intérieure cachée d'un être en pleine santé – et sans doute aussi d'un médecin – peut être révélée par les expériences plus obscures et mystérieuses des patients psychiatriques.

Chaque récit imagine aussi l'émergence de l'expérience humaine des émotions, dans le monde dans lequel nous vivons comme tout au long des millénaires de l'histoire de notre espèce, riche en obstacles qui n'ont pu être franchis sans compromis. Cette seconde partie du livre débute par la description des circuits les plus simples et les plus anciens permettant simplement d'être vivant : les cellules qui permettent la respiration, le mouvement des muscles, ou la création d'une barrière essentielle délimitant le soi. La plus ancienne, la plus élémentaire de ces délimitations entre chacun de nous et le reste du monde – l'ectoderme, une couche fragile et isolée pas plus épaisse qu'une simple cellule – donne naissance à la peau aussi bien qu'au cerveau. De ce fait, c'est à travers cette ancienne frontière que les êtres humains perçoivent leurs interactions, qu'elles soient physiques ou psychologiques, normales ou pathologiques.

Le livre se poursuit avec l'évocation de ces sentiments universels que sont la perte et le chagrin, pour passer aux fractures profondes de l'expérience de la réalité extérieure qui se produisent dans les manies et les psychoses et aboutir aux troubles qui atteignent jusqu'au moi intérieur. Par exemple la perte du goût du plaisir à la vie dans la dépression, la perte de la nécessité de se nourrir dans les troubles alimentaires, et la perte du sens même de soi dans les démences séniles. Pour aborder les émotions du monde subjectif intérieur, nous commencerons et terminerons en imaginant, depuis ce que ressentaient nos ancêtres préhistoriques (les sentiments ne laissant pas de traces fossiles) jusqu'à ce qui se passe aujourd'hui (puisque nous ne savons pas observer directement l'expérience intérieure d'autrui).

Mais lorsque les effets des sentiments sont à peu près les mêmes chez tous les individus (du moins lorsque on en arrive à cette conclusion avec nos méthodes actuelles d'étude), il devient possible d'envisager des moyens d'étudier le fonctionnement interne du cerveau. Ce sera la troisième dimension de chacun de nos récits, qui nous apportera un éclairage sur la manière dont une compréhension scientifique de ces états se développe rapidement, tant pour le normal que pour le pathologique. Une courte bibliographie pour toutes les questions scientifiques abordées dans ce livre est fournie à la fin de ce livre, et le lecteur curieux d'en savoir plus pourra s'y référer. Elle contient des liens (qui ne servent eux-mêmes que de première étape vers des explorations plus approfondies) vers des contributions importantes, toutes en *open source*, qui sont les références des principales assertions du texte. Cette dimension de vulgarisation de ce livre doit le rendre accessible à tous, y compris le lectorat sans formation scientifique, qui n'en a pourtant pas moins le droit de comprendre de quoi il retourne.

Ce livre n'est donc ni le récit d'une carrière de psychiatre, ni un essai sur les émotions humaines, ni un exposé sur les dernières neurotechnologies. Chacune de ces perspectives sert de lentille pour se focaliser de manières différentes sur le mystère central des sentiments de l'esprit humain, offrant ainsi plusieurs perspectives sur un même objet. Les fusionner en une seule vue n'est pas simple – être un humain ou le devenir ne l'est pas davantage, mais ce livre devrait aboutir, à la fin, à une image d'une belle résolution.

Tout mon respect et ma reconnaissance vont à mes patients, sans qui je n'aurai pu avoir les idées exposées dans ce livre, et à tous ceux dont la souffrance intime, plus ou moins consciente, est inextricable du tissu tissé dans nos longues journées communes, sombres, incertaines, désespérées, et parfois merveilleuses.

*

Il peut être bon de dire ici un mot de l'auteur de ces lignes et de son itinéraire, pour comprendre à travers quel prisme il écrit ce qui va suivre. Je suis – nous sommes tous – plus subjectif qu'objectif, et ce n'est là qu'une des distorsions optiques de notre humanité. Dans ma jeunesse, il n'y avait aucune raison de penser que je me dirigerais vers la psychiatrie ; j'aurais pu tout aussi bien devenir ingénieur.

Mon enfance s'est déroulée dans un monde toujours changeant de villes, petites et grandes, de l'est comme de l'ouest du continent nord-américain, au fil des déménagements annuels de mon inépuisable famille, mes parents et mes deux sœurs qui tous plaçaient la lecture très haut au-dessus de toute autre activité. Je me souviens avoir fait la lecture à mon père durant des heures, jour après jour, tandis qu'il était au volant et que nous traversions le pays du Maryland à la Californie. Mes moments libres étaient aussi pour l'essentiel occupés par les poèmes et romans, même lors de mes trajets en vélo pour l'école, en tenant dangereusement mon livre du moment en même temps que le guidon. Je lisais de l'histoire et de la biologie, mais j'étais plus intéressé par la fiction. Du moins jusqu'à ma rencontre avec une nouvelle famille d'idées, pour moi alors totalement inconnues.

Cette année-là, le cours de lycée qui m'intéressait le plus était celui d'écriture créative. Mais des camarades de classes m'ont parlé d'une manière particulière d'aborder les sciences de la vie, allant des cellules isolées aux systèmes les plus complexes, qui permettrait de percer les plus grands mystères de la biologie. Comment un organisme peut-il se développer à partir d'une cellule unique ? Comment les différentes formes de mémoire immunitaire peuvent-elles être conservées et activées ? Comment comprendre que les causes des cancers – gènes, substances toxiques, virus – puissent être aussi diverses ? Toutes ces questions me semblaient impossibles à résoudre.

L'approche de ces différents domaines a été révolutionnée par leur compréhension en termes d'éléments opérant à de toutes petites échelles au sein de systèmes complexes de grande échelle. Je comprenais que les secrets de la biologie devaient être recherchés dans l'intimité des cellules et de leurs mécanismes moléculaires, mais sans perdre de vue le système complet, le corps dans son intégralité. La perspective d'étendre cette approche cellulaire aux mystères de l'esprit, de la conscience, des émotions, et de l'expression des sentiments par le langage fut pour moi un absolu délice, rappelant « cette certitude pourtant incertaine » dont parle Toni Morrison, cette joie apaisante que ressent tout être humain à découvrir soudainement une issue.

En discutant de tout cela avec des amis étudiants de ma résidence universitaire (qui se trouvaient tous, pour des raisons inexplicables, être en physique théorique), je découvris que les cosmologistes connaissaient ce genre de sentiments en s'attaquant à des phénomènes ayant des échelles spatiales et temporelles proprement astronomiques. Et eux aussi les avaient ressentis en décidant d'aborder ces problèmes à partir des formes les plus petites et les plus élémentaires de la matière, des forces fondamentales qui régissent les interactions aux plus petites distances. Il en résultait un sentiment mêlant analyse et synthèse pour un résultat à la fois absolu et personnel.

Au même moment, et de manière décisive pour la suite de ma carrière, j'ai rencontré les réseaux de neurones formels, une branche alors en pleine expansion de l'informatique qui permet le stockage de l'information, sans intervention externe, par un assemblage d'unité élémentaires virtuellement connectées à toutes les autres. Chacune de ces unités n'existe pas physiquement. C'est une entité abstraite, une ligne de code, et les connexions avec d'autres unités s'expriment par un programme. Comme leur nom l'indique, ces réseaux de neurones sont inspirés de la neurobiologie, mais ils ont ensuite révolutionné l'intelligence artificielle avec l'apprentissage profond, utilisé aujourd'hui pour modéliser n'importe quel aspect des activités humaines, et même, pour en revenir aux sources, la neurobiologie.

De grands groupes de petites choses connectées s'avéraient capables de faire à peu près n'importe quoi ; à condition qu'elles soient bien connectées.

C'est alors que j'ai commencé à envisager de tenter de comprendre quelque chose d'aussi mystérieux que les émotions en me plaçant au niveau des cellules. Qu'est-ce qui causes des sentiments si puissants chez la personne malade ou en pleine santé, que ces sentiments soient adaptatifs ou non ? Ou, plus directement, que *sont* réellement ces sentiments, au sens physique et concret, au niveau des cellules et de leurs connexions ? J'étais persuadé que c'était là sans doute le mystère le plus profond de l'univers, son seul rival étant l'origine du monde et sa raison d'être.

Il était clair que le cerveau humain jouerait un rôle dans les recherches que je voulais entreprendre, puisque seuls les êtres humains peuvent décrire leurs émotions. Les neurochirurgiens, c'est du moins ce que je pensais alors, ont le plus concret des accès au cerveau humain. J'en déduisais que le moyen le plus logique d'aborder son étude, y compris dans une perspective de soin, était de passer par la neurochirurgie. C'est dans cette voie que je m'engageai d'abord au cours de mes études de médecine.

Mais durant ma dernière année de médecine, je dus faire, comme tous les étudiants, un bref stage en psychiatrie, indispensable pour l'obtention du titre de docteur.

Jusque-là, je n'avais jamais eu de goût particulier pour la psychiatrie, qui me semblait plutôt déstabilisante. Peut-être à cause de l'évidente subjectivité de ses outils diagnostics ? Ou pour des raisons plus profondes, liées à ma personnalité, que j'ignorais ? Quoi qu'il en soit, la psychiatrie était certainement la spécialité de la médecine qui m'intéressait le moins. De plus, mes débuts dans la neurochirurgie m'enthousiasmaient. J'aimais la salle d'opération, son ambiance dramatique, où se joue la vie ou la mort du patient dans une infinité de petits détails nécessitant d'être méticuleux, à la fois très vigilant et très calme. Ma famille et mes amis ont donc été stupéfaits d'apprendre que je choisissais finalement la psychiatrie.

Ma formation m'avait appris à tenir les cerveaux pour des objets – ce qu'ils sont bel et bien –, des organes constitués de cellules et alimentés par le sang. Mais dans les maladies psychiatriques, nous ne pouvons voir aucune lésion au cerveau, rien de comparable à ce que l'on observe sur un bras fracturé ou un cœur déficient. L'alimentation par le sang du cerveau n'est pas non plus en cause. Ce qui dysfonctionne, ce sont ses processus internes de communication, comme son monologue intérieur. Il n'y a rien que nous puissions mesurer, si ce n'est avec des mots : ceux du patient et les nôtres.

La psychiatrie approche donc le plus grand mystère de la biologie, peut-être de l'univers, mais je ne pouvais compter que sur les mots, ma première et principale passion, pour tenter de me frayer un chemin. Lorsque j'ai compris cela, ma vie professionnelle a entièrement changé. Comme souvent, une expérience curieuse a servi de déclic.

*

Le premier jour de mon stage en psychiatrie, j'étais assis dans la salle de repos des infirmières à feuilleter une revue de neurosciences lorsqu'un patient – un homme dans la quarantaine, grand et mince, avec une maigre barbe hirsute – fit irruption dans la pièce, en ouvrant violemment une porte qui aurait dû être fermée à clé. Il s'approcha tout près de moi, et me fixa du regard, les yeux emplis de larmes et de colère. Je n'en menai pas large.

Comme tout habitant des villes, j'ai l'habitude de croiser dans les rues des gens racontant des choses bizarres. Mais il n'avait pas le même regard vitreux. Il semblait au contraire vif et alerte, tout en souffrant d'une terrifiante douleur qui se lisait dans ses yeux. D'une voix tremblante mais pourtant calme, il commença à me parler.

Son discours – étonnamment créatif, plein de phrases qui avaient perdu leur usage commun pour être détournées vers de nouvelles significations – avait une certaine cohérence. Bien que nous ne soyons jamais vus, il m'accusait de lui avoir volé une idée, et le faisait dans une langue inédite, faisant des sons des sentiments sans se soucier de syntaxe. Il parlait un langage nouveau, qui me faisait penser au orme-moi de Joyce, lu peu auparavant.* Il était le Finnegan de l'unité de soin fermé, disant des choses plus graves et plus profondes que celles venant des tréfonds du corps. J'étais bouche bée. Je tentais de comprendre ce qui m'arrivait tout en l'écoutant. Il m'évoquait tout à la fois l'art et la science, comme fusionnés, aussi impressionnant que l'incendie d'un lever de soleil. Quel choc ! Quelle émotion ! Pour la première fois, ma vie intellectuelle se trouvait réunifiée.

* L'auteur fait ici allusion à un passage du livre 1 de *Finnegans Wake*, « De qui étaient Shem et Shaun, fils et filles vivants ? Nuit maintenant. Orme-moi l'histoire de Stem et Stone. Près des ondes eaux de la vie errante et revierrantes eaux de. La Nuit ! » (traduction de Philippe Lavergne, p. 336).

J'appris par la suite qu'il souffrait d'un trouble schizo-affectif, une sorte d'ouragan d'émotions qui coupe de la réalité et combine les principaux traits de la dépression, des accès maniaques et de la psychose. J'appris aussi que cela n'avait aucune importance, puisque le diagnostic posé ne changeait rien à la prise en charge, qui se contentait de traiter des symptômes dont on était incapable d'expliquer la survenue. Personne ne pouvait répondre à des questions aussi simples que : quelle est la réalité physique de cette maladie ? Pourquoi cette personne en est-elle atteinte ? En quoi un état aussi étrange et horrible fait-il partie de l'expérience humaine ?

*

Il est dans notre nature humaine de chercher des explications, même lorsque la quête semble sans espoir. Pour moi, cette expérience marqua un tournant radical, un point de non-retour. Quelques mois plus tard, je choisis de faire de la psychiatrie ma spécialité médicale. Après quatre autres années d'études, j'ouvris un laboratoire dans le nouveau département de bioingénierie de l'université, au cœur de la Silicon Valley, où j'avais étudié la médecine. Mon projet était de soigner des patients tout en inventant de nouveaux outils d'étude du cerveau. Peut-être de nouvelles questions pourraient-elles alors être abordées ?

Aussi compliqué qu'il paraisse, le cerveau humain n'est jamais autre chose qu'un amas de cellules, comme toute autre partie du corps humain. Certes, ce sont des cellules magnifiques, parmi lesquelles 80 milliards de neurones spécialisés dans la conduction électrique, ressemblant à la silhouette d'un arbre en hiver, formant chacun des dizaines de milliers de connexions appelées synapses avec d'autres cellules. De minuscules influx électriques parcourent en permanence ces cellules, le long de fibres conductrices isolées par une couche de matière grasse appelées axones, chacun de quelques picoampères durant une milliseconde. Ce mélange d'électricité et de chimie permet tout ce que peut faire un esprit humain – se souvenir, penser et ressentir –, et ce processus a lieu dans des cellules qui peuvent être étudiées et modifiées.

Comme dans d'autres domaines de la biologie qui ont connu des avancées majeures (comme le développement, l'immunologie ou l'oncologie), il fallait d'abord inventer de nouvelles méthodes permettant une compréhension approfondie de ce qui se passe dans les cellules d'un cerveau intact. Avant 2005, nous n'avions aucun moyen d'induire une activité électrique donnée dans des cellules spécifiques du cerveau. De ce fait, les neurosciences étaient limitées, sur le plan de l'électrophysiologie cellulaire, à écouter avec des électrodes l'activité de cellules au cours de tâches données. Il y avait déjà fort à faire avec cette approche, mais nous étions incapables de relier ce qui se passe au niveau cellulaire à ces motifs d'activité électrique importants pour la perception, la cognition, l'action et autres fonctions du cerveau. À partir de 2004, mon laboratoire a développé une des premières technologies, l'optogénétique, dépassant cet obstacle, en rendant possible d'induire ou de supprimer des activités définies dans des cellules spécifiques.

L'optogénétique repose sur le transfert d'un certain gène d'une branche à l'autre des règnes du vivant, et ce à volonté, au gré de l'imagination des biologistes. Un gène n'est rien d'autre qu'un petit morceau d'ADN qui permet à la cellule de produire une protéine (une petite biomolécule qui permet à la cellule d'accomplir certaines tâches). En optogénétique, on emprunte des gènes de micro-organismes comme des bactéries ou des algues unicellulaires et on les introduit dans des cellules du cerveau de nos cousins vertébrés comme la souris ou certaines espèces de poisson. C'est une chose plutôt étrange. Mais si l'on choisit judicieusement la catégorie de gènes à emprunter (que l'on appelle des opsines) et à introduire dans les neurones, on obtient immédiatement la fabrication de protéines qui présentent la remarquable propriété de transformer la lumière en courant électrique.

La fonction de ces protéines dans leurs hôtes habituels est de convertir la lumière du soleil en information ou en énergie électrique. Par exemple en permettant à une algue planctonique de se déplacer vers la zone où la lumière est la plus favorable à son développement, ou, chez certaines bactéries très anciennes, de fabriquer de l'énergie avec la lumière. À l'inverse, la plupart des neurones des animaux ne répondent pas à la lumière, ce qui est logique vu que, enfermés dans le crâne, ils ne la voient jamais. Avec l'optogénétique, et grâce à quelques trucs de biologie moléculaire qui permettent que ces protéines exogènes ne soient produites que par une certaine sous-catégorie de neurones, certains neurones acquièrent des propriétés entièrement nouvelles : ils deviennent les seules cellules du cerveau capables de répondre à un influx lumineux déclenché par le scientifique.

Puisque l'électricité est la monnaie d'échange de l'information dans le système nerveux central, on observe de remarquables changements de comportement de l'animal lorsqu'une lumière laser (émise par une fibre optique ou un dispositif holographique qui projette dans le cerveau des spots lumineux) modifie l'activité électrique de certains neurones. C'est ainsi qu'ont été découvertes des cellules expliquant certaines propriétés jusque-là mystérieuses du cerveau, comme la perception ou la mémoire. En permettant de relier l'activité individuelle de cellules au fonctionnement global du cerveau, les expériences d'optogénétique se sont avérées extrêmement précieuses en neurosciences. Elles permettent de tester causes et effets dans un contexte approprié. De même que les mots ne prennent sens que dans le contexte de la phrase, l'activité des cellules ne permet les fonctions (ou les dysfonctionnements) sous-jacents aux comportements que dans le contexte du cerveau intact.

C'est ce que nous avons fait principalement chez des souris, des rats et des poissons : des animaux aux structures nerveuses largement semblables aux nôtres (tout juste sont-elles surdimensionnées dans notre espèce). Tout comme nous, nos cousins vertébrés perçoivent, décident, se souviennent et agissent, et les observer judicieusement durant ces actions nous permet de comprendre le fonctionnement interne des structures cérébrales que nous avons en commun. C'est là une nouvelle approche d'étude du cerveau, qui repose sur l'utilisation astucieuse du travail de l'évolution à notre profit, puisque les gènes que nous utilisons appartiennent à des lignées qui ont divergé de la nôtre au tout début de l'histoire de la vie sur terre.

Mon équipe a ensuite développé une autre technologie, visant toujours à observer au niveau de la cellule un cerveau intact. Elle a d'abord été décrite en 2013 sous le nom de CLARITY, et a connu depuis de nombreuses variantes. Il s'agit d'utiliser diverses astuces chimiques pour construire des hydrogels (un gel dont l'agent gonflant est l'eau) transparents dans les cellules et les tissus. Cette transformation physique permet à la lumière de traverser le cerveau, qui est normalement dense et opaque, librement, ce qui permet de visualiser l'activité des cellules transformées. Toutes les structures qui nous intéressent restent en place, mais sont visibles de la surface, comme dans ces desserts pour enfants où l'on peut voir des fruits confits à travers une gelée.

Un point commun entre les expériences d'optogénétique et de tissus chargés en hydrogel est de permettre d'observer le cerveau intact, et d'étudier ses composants sans les désassembler, que ce soit dans un état normal ou pathologique. L'analyse approfondie, à laquelle la démarche scientifique est très attachée, peut se faire sur un système en respectant son intégrité. L'excitation suscitée par le développement de ces technologies s'est répandue hors de la communauté scientifique et a contribué à diverses initiatives américaines et internationales visant à mieux connaître les circuits cérébraux.

Cette approche intégrant les avancées technologiques de nombreux laboratoires, dont le nôtre, en microscopie, génétique et ingénierie des protéines a permis de grands progrès dans la compréhension de la manière dont des cellules créent les fonctions du cerveau et les comportements. Les chercheurs ont par exemple identifié des connexions axonales se projetant à travers le cerveau (comme des fils de chaîne d'une tapisserie, recouvert par d'innombrables fibres) des régions frontales vers les régions plus profondes impliquées dans la réduction d'émotions intenses comme la peur ou la recherche de récompense. Sans ces connexions, ces émotions seraient incontrôlables et conduiraient à des actions impulsives. Ces découvertes ont été possibles car nous pouvions suivre précisément ces connexions, leur origine et leur trajectoire, en temps réel, c'est-à-dire à la vitesse de la pensée et du ressenti d'un animal vivant aux comportements élaborés.

Ces axones profondément enfouis dans le cerveau contribuent à définir des états cérébraux et à déterminer l'expression des émotions. En devenant capables de fonder notre compréhension des états intérieurs au niveau de structures précisément définies, nous avons aussi acquis une perspective nouvelle sur notre passé, sur notre évolution. Ces structures sont en effet formées par l'action de nos gènes durant les toutes premières phases du développement et de l'enfance. Or, nos gènes sont depuis des millénaires le matériau sur lequel agit l'évolution. D'une certaine manière, nos fils intérieurs se projettent à travers le temps et l'espace, nous reliant à la fois à nos ancêtres préhistoriques et à nos descendants à venir.

Cette connexion au passé n'a rien de magique. Elle n'a rien à voir avec une communication par « l'inconscient collectif » qu'invoquait Carl Jung, spéculation mystique sur ce qui nous relierait à nos ancêtres. Elle procède de la structure cellulaire du cerveau, et est un héritage concret et matériel des générations qui nous ont précédé. Nées du hasard, ces connexions, qui sont aujourd'hui les plus anciennes que nous possédions – avec certaines variations d'un individu à l'autre – avaient plus de chances d'être sélectionnées par l'évolution. C'est ainsi que les gènes gouvernant les structures cérébrales associées ont été transmis jusqu'à nous, et à d'autres mammifères. Nous ressentons très précisément ce qu'ont ressenti nos ancêtres, au même moment et de la même manière. Ces états intérieurs nous ont été transmis par des générations de transmission implacable – avec parfois une bonne dose de chance – formant l'humanité, avec ses misères et ses gloires.

*

Les neurosciences modernes promettent même de s'attaquer aux fragilités et à la souffrance humaine, en concevant des méthodes de stimulation cérébrale inspirées de notre connaissance cellulaire des circuits du cerveau, en étudiant le rôle de gènes dans la formation de ces derniers en cas de troubles psychiatriques, et tout simplement en réinsufflant de l'espoir auprès de patients qui souffrent et sont stigmatisés depuis si longtemps. Les progrès scientifiques ont donc nourri la pensée clinique – et c'est bien ce à quoi sert la recherche fondamentale – mais je veux ici aussi illustrer la perspective inverse : comment le travail clinique a nourri ma réflexion scientifique. La psychiatrie a nourri les neurosciences. Il est passionnant de constater à quel point la souffrance mentale humaine et le travail expérimental sur des cerveaux de souris et de poisson peuvent se nourrir mutuellement, se nourrissant de questionnements partagés.

Au vu des développements de ces quinze dernières années, j'ai envie de revenir sur mon manque initial d'intérêt pour la psychiatrie. L'impact de ma première rencontre, imprévue, terrifiante, avec la psychiatrie à travers la réalité exprimée par les yeux d'un autre humain rencontré dans une salle d'attente hospitalière a été si profond qu'il m'arrive de me demander si je n'étais pas déjà, de manière inconsciente, comme préparé à cette rencontre, qui aurait été pour beaucoup d'autres une simple expérience désagréable. L'inspiration personnelle, tout comme la découverte scientifique, peut provenir de directions inattendues. Repensant à cette rencontre fondatrice, j'y vois aujourd'hui une sorte de parabole sur les dangers des préjugés, et sur la nécessité d'une expérience vécue et personnelle pour comprendre presque tout ce qui nous fait humain.

L'histoire de l'optogénétique offre, toujours d'un point de vue allégorique, une autre leçon sur l'importance du contexte sociopolitique dans la genèse de la connaissance scientifique pure. Les travaux sur les algues et les bactéries qui nous ont été indispensables pour créer l'optogénétique, et ainsi mieux comprendre les émotions et la maladie mentale, remontent à un siècle. Mais leur destinée ne pouvait être alors prédite. Comme d'autres exemples dans l'histoire des sciences, l'optogénétique montre que la recherche ne doit pas être trop dirigée, qu'elle ne doit pas se fixer de buts. Le plus nous voulons diriger la recherche (par exemple en fléchant les financements publics vers la recherche de traitements contre telle ou telle maladie) et le plus nous risquons de ne progresser que très lentement et de passer à côté d'idées réellement nouvelles et importantes qui nous permettront de progresser dans ces directions. En médecine, en science et plus généralement dans la vie, les idées et les influences en provenance de directions inattendues sont non seulement importantes, mais essentielles.

Aujourd'hui, je pense souvent à retrouver ce patient atteint de troubles schizo-affectifs, dont la rencontre m'a tant bouleversé. Je m'imagine partager un moment avec lui, un moment de calme communion. Mais c'était il y a si longtemps. La réceptivité à l'improbable fait partie des traits distinctifs des troubles schizophrènes, et peut-être ne serait-il pas surpris d'apprendre que notre rencontre fortuite dans cette salle d'attente a contribué à des avancées en neurosciences et en psychiatrie. Notre discussion pourrait lui confirmer, et me confirmer, que son fil de chaîne n'est pas différent du mien, de celui de nous tous, faisant partie de la tapisserie de l'expérience humaine, dans laquelle il n'est pas plus malade que ne l'est l'humanité elle-même.

Chapitre 1

Le magasin des larmes

« Les lignes filent droites entre les étoiles.
La nuit n'est pas le berceau qu'elles réclament,
Ces curieuses, faisant onduler la phrase océane.
Les lignes sont bien trop sombres et bien trop nettes.
L'esprit atteint là à la simplicité.
Nulle lune sur aucune feuille d'argent.
Les corps n'est aucun corps visible,
Mais un œil qui scrute sa paupière noire »

Wallace Stevens, *Étoiles à Talaposa**

Je ne pouvais retenir l'histoire que racontait Mateo qu'en la rendant plus abstraite, qu'en en repliant l'image mentale comme une civière pour qu'elle prenne moins de place. C'est ainsi que je parvenais à ne pas penser à tout ce temps qu'il avait passé suspendu à sa ceinture de sécurité dans la voiture renversée, à son sentiment d'impuissance à voir sa famille mourir autour de lui, pour ne plus penser qu'à un instant, comme une image fixe.

Je pouvais aussi simplifier Mateo lui-même, réduire ses dimensions, le compresser mentalement pour réduire son épaisseur humaine à un

* Traduit par Claire Malroux (Le Seuil, édition de poche, 2002).

simple plan. C'est ainsi que je pouvais relier son histoire à d'autres que l'on m'avait racontée ou que j'avais connue, formant comme une pile de vieux journaux où les histoires individuelles s'entremêlent en un flot de larmes, de douleurs qui sont au cœur de milliers de vies. *Je ne sais pas pourquoi je ne sais pas pleurer*, commença-t-il. Quand il eut fini, c'était rien moins, ou rien de plus, que la fin du monde.

Les études de médecine n'apprennent pas à affronter ces moments émotionnellement particulièrement durs. Médecins et infirmiers, mais aussi soldats ou travailleurs sociaux doivent bâtir leurs propres défenses pour parvenir à vivre dans ces souffrances humaines extrêmes. L'intensité de la douleur, mais aussi le fait qu'elle ne s'arrête jamais, que la descente aux enfers semble se poursuivre jour après jour, année après année, sont insupportables, si l'on ne se protège pas.

Notre premier mouvement face à quelqu'un en deuil est de nous relier à lui, d'essayer de nous mettre à sa place, de comprendre tout ce que la tragédie signifie pour lui. Mais dans le cas des souffrances extrêmes, il peut être utile au contraire de resserrer notre perspective pour protéger l'empathie en se concentrant sur un point bien particulier de la vaste tapisserie qu'est la vie du patient.

Une perspective d'ensemble est toujours possible, mais ne nous aidera pas à donner du sens à la tragédie. Les flots d'émotion n'aident pas à la précision du geste, qu'il s'agisse de pratiquer une douloureuse ponction lombaire ou de mener un entretien psychiatrique particulièrement délicat pour aider à l'expression de sentiments indicibles. Notre perspective s'élargit souvent sans prévenir, en rentrant chez soi après le travail ou lorsque nos enfants ont un chagrin soudain. Mais hors de ces situations, les fils de la vie du patient sont à la fois invisibles et accessibles, le rattachant à ses racines et ses origines, parcourant sa vie, ses rêves et toutes ces relations qui se sont rejointes à l'instant de la catastrophe.

Toute tragédie est toujours ressentie intensément. Même en l'ayant souvent vécu, on ne peut qu'être bouleversé par un père sidéré et désespéré après un accident de voiture, par une mère mutique lorsqu'elle apprend que son enfant a un cancer du cerveau. Un soutien est souvent nécessaire. Un jeune médecin – et parfois même un médecin plus expérimenté – qui a encore été peu confronté à de telles situations peut vivre une tempête intérieure qui ravage les zones les plus profondes de sa personnalité, celles où se niche la représentation de soi et des autres, les galeries de portraits des êtres aimés. Dans son donjon, si nous étions des châteaux.

*

J'aurais dû être mieux préparé, mais rien ne m'avait averti que le donjon était vulnérable. Lorsque j'ai été appelé, en tant que psychiatre de garde, pour évaluer l'état de Mateo dans la salle d'urgence, mon empathie n'avait pas eu à souffrir depuis mes toutes premières années d'étudiant. Mais les choses étaient alors très différentes. Mes pensées étaient tournées vers la médecine, et non vers la pensée elle-même, comme elles le sont ensuite devenues. Jeune étudiant, j'étais encore fragile. Je grandissais en apprenant le langage de la médecine, je ne pouvais encore ni prescrire ni donner des instructions, et j'étais de surcroît, dans le monde extérieur à l'hôpital, un jeune père célibataire.

Des années avant de rencontrer Mateo, une nuit m'avait particulièrement marqué. Une nuit de garde, pas spécialement agitée, dans le service de pédiatrie de l'hôpital universitaire, qui avait commencé par l'admission de deux jumeaux de trois ans souffrant de détresse respiratoire, dans une famille avec de nombreux cas de mucoviscidose.

La famille était bien connue du service. Les enfants avaient déjà été admis à l'hôpital, et les parents avaient l'habitude des procédures d'admission, et des questions que l'on pose alors. Tellement l'habitude qu'ils répondaient avant que j'aie fini de poser ma question. Tellement qu'ils étaient en instance de divorce.

Ils avaient découvert, avec la naissance de leurs jumeaux, ce qu'ils prenaient pour un défaut caché de leur union. Dans la plupart des familles avec des cas de mucoviscidose, les parents ne présentent aucun symptôme, mais tous deux possèdent une copie du gène muté responsable de la maladie. Les mammifères ont deux copies de presque tous leurs gènes, ce qui fait que si l'un des exemplaires est endommagé, l'autre peut prendre le relai, permettant ainsi une vie en pleine santé.

Le père et la mère étaient donc des porteurs sains de la mucoviscidose, ignorant ce fardeau qu'ils portaient jusqu'à la naissance de leurs enfants ayant chacun deux exemplaires du gène muté. Le calcul des probabilités est très facile à comprendre, et j'appris cette nuit que le couple, encore jeune, avait décidé de se séparer pour se remarier avec des personnes ne portant pas le gène muté dans l'intention de fonder une famille sur laquelle ne pèserait pas la menace de la maladie. Mais pour le moment, en attendant qu'ils se mettent à l'abri de cette menace génétique, je devais faire face à ces enfants pleurant et peinant à respirer tant leur poumons étaient encombrés de mucus, et parvenir parmi les cris et les larmes à remplir leur dossier médical pour boucler la procédure d'admission.

J'y étais parvenu vers minuit, retrouvant un peu de calme, lorsque nous parvint un transfert en urgence d'un autre hôpital : une petite fille de quatre ans, Andi, avec un problème au tronc cérébral.

Je la pris en charge, et reçus comme un coup violent, une déchirure intérieure plus profonde que je n'en avais jamais ressentie. Andi était une ravissante fillette à queue de cheval, qui jouait à genoux sur son lit d'hôpital avec les poupées qui l'entouraient. Elle semblait normale, si ce n'est qu'elle disait parfois voir double et qu'un de ses yeux se tournait légèrement vers l'intérieur. C'était presque indécelable, et on aurait pu mettre ce signe sur le compte de la fatigue d'être en pleine nuit dans un lieu inconnu. C'était pourtant le début d'un déferlement d'angoisse pour moi, qui me saisit en profondeur.

J'étais pourtant la personne la moins importante du petit groupe de soignants réunis autour de la fillette, entassés dans la petite salle. J'étais serré contre un mur, et il n'y avait pas moyen de s'asseoir, ni même de bouger. Saisis par l'émotion, j'étais figé là, et le restais jusqu'à l'aube.

Les parents, venus en toute hâte de l'hôpital précédent, avaient apporté avec eux un simple cliché gris : le scan du tronc cérébral. Il était exposé contre le lecteur lumineux de cette petite salle obscure et sans fenêtre. Un sinistre requiem rétroéclairé. Les parents d'Andi, les yeux rouges de larmes contenues, étaient en face de moi, mais ils semblaient coupés de nous, enfermés dans leur solitude dans cette salle bondée. Le médecin de garde – on attendait le pédiatre spécialiste de neuro-oncologie – était assis à ma gauche, penché en avant. Il avait pour consigne de n'entamer aucun traitement, de ne prendre aucune décision clinique – il n'y avait rien à faire cette nuit là – mais d'expliquer à la famille ce que nous disait l'examen clinique et le scan.

Le neurologue avait pour seul outil ses mots. Il resta penché pendant des heures, sans jamais se redresser, sans un regard ni pour moi ni pour le reste de l'équipe, ne parlant qu'à deux personnes dans cette salle bondée, le père et la mère, qu'à eux seuls, et la nuit durant.

Le léger strabisme d'Andi n'était pas un mystère pour nous. Il y avait quelque chose sur le scan. Sur la région du pont. Quelque chose de très grave.

Le tronc cérébral, à la base du crâne, contient un dense mélange de fibres et de cellules appelé le pont qui joue un rôle vital en connectant le cerveau – et tout ce qui nous rend humain – à la moelle épinière et aux nerfs qui en partent. Si une lésion affecte le trajet des fibres qui traversent le pont, les médecins n'ont pas besoin de scan ou d'IRM pour la détecter : pas besoin d'imagerie médicale, juste de l'imagerie humaine, juste croiser le regard d'un être humain.

Si un des yeux d'Andi se tournaient vers l'intérieur, c'est parce qu'un minuscule muscle de la paroi de son œil, appelé le muscle droit latéral, ne pouvait plus jouer son rôle, qui est d'orienter le regard vers l'extérieur. Ses fibres ne recevaient plus aucune instruction du cerveau. Le nerf, son canal de transmission, était devenu silencieux.

Des douze nerfs qui sortent du crâne, le sixième, l'abducens, est apprécié des étudiants en médecine pour son tracé inhabituellement rectiligne, contrairement aux autres nerfs crâniens aux trajectoires et ramifications des plus complexes. Le nerf abducens n'innerve qu'un muscle, le muscle latéral droit, qui n'a lui-même qu'une fonction, permettre le mouvement d'abduction de l'œil. Il traverse un seul côté du tronc cérébral, dans les profondeurs du pont.

Mais cette nuit-là, le nerf abducens ne jouait plus son rôle, montrant bien que quelque chose dysfonctionnait dans le tronc cérébral, ce que nous confirmait la présence d'une forme sombre au milieu du pont sur le scan, interrompant le trajet du nerf, et causant la déviation vers l'intérieur d'un des yeux.

La coordination des deux yeux est une chose magnifique lorsqu'elle fonctionne, permettant la vision tridimensionnelle des primates, dont nous sommes. Les deux yeux reçoivent les mêmes instructions du cerveau, mais, de forme et d'inclinaison légèrement différente, ils ne sont pas connectés entre eux. Leur mouvement coordonné doit être soigneusement réglé, sans quoi apparaît une vision double ; comme deux scènes distinctes, du monde extérieur.

Cette question passionne les bioingénieurs, qui tiennent pour un défi de concevoir un système conciliant symétrie et synchronisation de deux capteurs indépendants, comme le sont les deux yeux. Tous les systèmes biologiques connaissent des défauts de communication – de la variabilité, du bruit superposé au signal, des évolutions chaotiques, tous phénomènes dont les bioingénieurs peuvent au demeurant tirer profit – ce qui implique un rétrocontrôle permanent de calibration et contrôle. Il y a longtemps dans l'histoire de la vie, avant l'apparition de la conscience, la survenue d'une double vision servait de signal d'erreur dans cette boucle de rétrocontrôle, déclenchant une réaction du cerveau, de nouvelles instructions transmises par les nerfs crâniens aux muscles oculaires, un réalignement précis des yeux, et la restauration d'une unique scène visuelle.

Le monde nous apparaît ainsi unique, sauf lorsque le défaut revient chez certains. C'était ce qui arrivait cette nuit à cette petite fille, et il n'y avait aucun espoir de correction. Dès qu'un des yeux dévie, même de manière infinitésimale, c'est qu'un intrus – la forme sombre que l'on voyait sur le scan – est venu perturber le trajet des nerfs, révélant ainsi une pathologie. Aucun autre nerf crânien ne pouvait être suspecté. C'était nécessairement l'abducens, le sixième des douze. Dans ces cancers du tronc cérébral, c'est toujours lui qui est le premier touché, comme un régiment gardant la frontière et subissant le premier le choc de l'invasion ennemie.

Les médecins prirent soin de ne faire aucun pronostic durant cette nuit, mais j'en savais assez en médecine pour savoir qu'il était fatal, que le compte à rebours vers la mort était enclenché. Andi souffrait d'un gliome infiltrant du tronc cérébral (GITC), et avait six à neuf mois d'espérance de vie. Sans le savoir, ses parents l'avaient senti. Ils ne raisonnaient pas, mais sentaient intimement qu'ils venaient d'entrer dans une nouvelle vie, envahie par cette tumeur qui allait prendre toute la place dans leur existence comme elle le faisait dans les profondeurs du cerveau de leur fille. Ils ne prononçaient que quelques mots, à peine audibles, d'une voix étranglée.

Je savais aussi quelque chose de pire encore, qu'ils n'imaginaient pas. Je savais quel genre de mort attendait Andi. D'ici quelques mois, elle allait devenir incapable de parler, incapable de se mouvoir, paralysée les yeux grands ouverts, aussi vifs qu'ils ne l'étaient durant cette nuit. Enfermée vivante, comme dans nos pires cauchemars, à mesure que le pont allait s'effondrer.

Tout était allé si vite. Tout juste une semaine s'était écoulée depuis la visite chez un médecin de famille, au premier signe de vision double. Mon propre enfant avait à peu près le même âge, et cette pensée m'était insupportable. Chaque fois que je pensais à lui, durant cette nuit, je chassais son image, comme si j'abaissais une lourde porte pour l'empêcher d'entrer. Je savais bien que ce mécanisme de défense – ne regarde pas, n'y pense pas – était sommaire et immature, mais cependant efficace pour un temps.

Les jours suivant, je fus saisi par une nouvelle sorte de douleur. Alors que j'essayai d'entrouvrir cette lourde porte pour admettre qu'Andi était comme mon fils – et ce faisant d'entre-apercevoir un tout petit peu de l'immense douleur de ses parents –, je fus saisi d'une colère insensée contre la maladie, d'une fureur que le GITC existe dans ce monde. Je voulais qu'il y ait un espoir de vaincre cette horreur, je voulais qu'il y ait un espoir pour Andi.

Dans les pires moments, je me disais que, si certains pouvaient vivre cela, je ne le pourrai pas. C'était pour moi une pensée inattendue. Je ne pourrai pas exercer la médecine. Je ne pourrai pas le faire une vie durant. J'allai plutôt me retirer dans quelques havres où les petites filles ne meurent pas ; et je pensais aux laboratoires, ces ports de la science.

Avec le temps, cette tempête de douleur et de colère, de faux espoirs et de désir de retrait, se calma. De nouvelles expériences me changèrent les idées. Je guéris, mais toujours dans une certaine immaturité, rebâtissant de fragiles défenses, comme un abcès après une infection. Je finis par perdre tout espoir, par me dire que le monde avait besoin de bien plus que de mes pauvres espérances.

Il n'y avait rien à faire pour Andi. Il n'existe aucune chirurgie pour le GITC capable de se frayer un chemin à travers les faisceaux de fibres du pont qui jouent un rôle vital dans la respiration ou le mouvement, et aucune chimiothérapie, aucune radiothérapie. Pas plus que ses parents, je ne pouvais la protéger de ce qui allait lui arriver, de ce qui se tramait dans cette tâche sombre du tronc cérébral, enfoui sous le crâne et sous la peau, et sous la fine membrane qui recouvre le cerveau. On l'appelle la pie-mère. Du latin *pia mater* : tendre matrice.

Lorsque je perdis tout espoir, mes larmes cessèrent. Je me mis à penser à autre chose, et à tous ces petits détails quotidiens qui font nos vies. Je quittai, mon stage achevé, le service de pédiatrie et ne revit plus jamais Andi. C'était insupportable et pourtant c'était. Je savais la fin mais ne l'avais pas vue. Je la porte toujours en moi.

*

Aujourd'hui encore, ces sentiments me saisissent, mais pas jusqu'aux larmes. Cet état intérieur existe toujours, prêt à revenir, même si les émotions se sont atténuées et complexifiées. Le monde a changé ; j'ai changé. Au plus profond de moi, j'ai de plus nombreuses représentations de la figure de l'autre, qui se relient à celle d'Andi et la soutiennent.

Ces souvenirs se sont aussi mêlés aux progrès des sciences, au développement des méthodes d'optogénétique qui m'ont permis de me plonger dans le fonctionnement du cerveau, de mieux comprendre comment les cellules construisent des états émotionnels internes. Ces méthodes recréent une partie d'un système d'un organisme dans un autre être vivant, de manière durable. Cette partie – un gène – va ainsi modifier son nouvel hôte, comme le fait toute manipulation expérimentale.

En biologie, il est fréquent qu'un organisme traverse les frontières qui les séparent des autres organismes, parfois spontanément, parfois suite à des modifications intentionnelles humaines. Il peut s'agir d'une simple cellule, contenant la seule essence universelle de la vie – l'ADN, un programme génétique et un acide vivant – enveloppé dans une fine couche de lipides, et s'approchant de la frontière comme un fragile esquif. L'histoire de la vie sur terre est faite de ces passages, et elle se poursuit. Plus les distances à franchir sont importantes, plus les barrières sont élevées aux frontières, et plus le franchissement peut avoir des conséquences importantes, et des deux côtés.

Toutes les plantes et tous les animaux, dont nous autres, êtres humains, doivent la vie à de tels migrants venus d'un royaume étranger (une très ancienne classe de micro-organismes appelée archéobactéries) qui ont, en s'introduisant dans leurs lointains ancêtres cellulaires il y a deux milliards d'années, conféré la mystérieuse faculté d'utiliser l'oxygène pour produire de l'énergie. Ces envahissants voyageurs qui franchirent la barrière cellulaire venaient-ils piller et détruire ? Ou nos lointains ancêtres étaient-ils des prédateurs qui enveloppèrent et absorbèrent ces microorganismes bien plus petits, mais formant de remarquables usines de combustion d'oxygène ?

Peu importe, au fond. Ce qui compte, c'est qu'une entité a franchi la frontière. Le passage est risqué pour tout le monde, mais lorsqu'il est réussi, que l'organisme plus grand apprend du plus petit en l'intégrant au lieu de le détruire, un nouvel organisme peut apparaître. C'est ainsi que notre lignée a pu acquérir la respiration.

Amenées soudainement à vivre ensemble, les deux entités se virent contraintes de co-évoluer, de s'accommoder mutuellement de leurs limites et de leurs bizarreries. Elles y mirent des centaines de millions d'années – sauf lorsque l'union se révéla immédiatement catastrophique –, ce qui laissa le temps à la nouvelle entité d'évoluer selon les règles de la sélection darwinienne, qui avaient auparavant conduit à l'apparition des deux premières entités.

Même dans cette union, des sous-cultures peuvent se maintenir. Les petites usines de combustion d'oxygène sont devenues les mitochondries, qui fournissent l'énergie des cellules. Leur origine est si ancienne que leur code génétique utilise un ancien dialecte, comme si elles avaient conservé durant des milliards d'années de vie commune une langue pour leur usage privé. Dans le même temps, ces micro-organismes se sont adaptés de multiples manières à la culture de leurs hôtes, dans l'intérêt de la survie commune. Et nous nous sommes aussi adaptés à leur présence, qui nous est devenue indispensable, comme nous le sommes pour eux. Ils sont devenus une part de nous-même et nous ne nous séparerons plus jamais.

Ces migrations microscopiques, des microorganismes vers les plantes ou les animaux, ont une importance considérable, car elles ont changé les flux d'énergie de la planète, du soleil vers les plantes puis vers les animaux, en modifiant ainsi le paysage. Ces migrations se sont produites de multiples fois, et seules certaines ont été suivies de succès. Le taux de réussite est à vrai dire infinitésimal, mais à l'échelle des milliards d'années, de faibles probabilités deviennent des certitudes.

Ces quinze dernières années, l'ADN des micro-organismes s'est à nouveau inséré dans les cellules animales, en employant le raccourci conçu par l'homme de l'optogénétique. Ces gènes ne visent plus nos corps, mais des cellules d'animaux de laboratoire, et ne se répandent plus par hasard, mais en fonction des expériences des scientifiques qui accélèrent ces transferts génétiques, contribuant ainsi à ajouter de nouvelles ramifications à l'arbre déjà touffus de la vie.

Aujourd'hui, en cherchant à contrôler avec précision les cellules du cerveau pour comprendre comment les merveilleuses propriétés du cerveau naissent de l'activité électrique de ces cellules, nous avons pris le relai du hasard de l'évolution. Sans attendre des millions d'années, nous dévions une partie de ce flux d'ADN très anciens – toujours à l'œuvre dans le monde microbien – vers les neurones de mammifères. Nous le faisons pour tirer parti d'un genre d'alchimie très particulière que cette classe de micro-organisme a développé – convertir non l'oxygène, mais la lumière, en énergie et en information – grâce à des gènes spécialisés (les opsines microbiennes) qui convertissent la lumière en courants ioniques traversant la surface des membranes cellulaires. Or, le flux ionique, qui est un mouvement de particules électriquement chargées, se trouve être le signal nature d'activation ou d'inactivation des neurones.

La plupart des neurones ne répondent pas naturellement à la lumière, mais il s'avère qu'il leur suffit d'un seul gène étranger – une opsine microbienne – pour le faire. Il a suffi d'y ajouter quelques autres outils expérimentaux inventés par l'homme (comme des manipulations génétiques visant à introduire l'opsine seulement dans certaines cellules et des méthodes de guidage de la lumière par fibre optique ou hologramme) pour créer l'optogénétique.

Nous pouvons ainsi induire l'activité électrique directement dans les neurones en éclairant à distance un animal entrain d'accomplir une tâche, comme un chef guide son orchestre de sa baguette. Si les fonctions du cerveau – perception, cognition, action – sont la musique, les cellules sont des musiciens d'un dix millionième de mètre, qui se comptent en millions ou en milliards chez les mammifères. L'optogénétique est la direction de cet orchestre, avec une baguette de lumière ; faisant jaillir une musique naturelle produite par la forme et la fonction des cellules du cerveau.

Pour moi, l'optogénétique a rapproché ces deux patients, Andi et Mateo, reliant en un accord mineur la petite fille et le jeune homme qui attendaient de moi de l'aide et qui souffraient tous deux d'une maladie qui avait affecté, quoi de manière différente, le fonctionnement harmonieux d'une des régions profondes et les plus anciennes du cerveau de mammifère.

*

« Pourquoi suis-je là ce soir ? » me demanda Mateo. Il enleva soigneusement ses lunettes et les posa sur son lit d'hôpital. « Parce que je ne sais pas pourquoi je ne peux pas pleurer ».

Il regardait ses mains, grandes ouvertes, en examinait les lignes avec attention. Puis son regard revint vers le mien, et son histoire commença à se déverser passivement, comme entraînée par la force de la gravité.

Il avait été conduit aux urgences par ses trois frères, qui trompaient le temps dans la minuscule salle d'attente du hall d'accueil. Lorsque je le vis pour la première fois, assis seul dans la salle numéro huit, il me parut beaucoup plus jeune que ses 26 ans, avec sa belle peau lisse et ses grands yeux noirs. On aurait cru un lycéen ayant perdu son cartable ou s'inquiétant pour ses devoirs. Mais cette première impression ne dura qu'un instant.

Deux mois auparavant, me dit-il, son épouse depuis un an, enceinte, avait été broyée et tuée dans un accident de voiture. Elle lui avait été enlevée alors qu'ils rentraient, tard dans la nuit, d'un week-end dans un *bed and breakfast* de Mendocino, lorsqu'une camionnette blanche se rabattit soudain devant eux sur l'autoroute.

La camionnette surgit, la mort survint. Mateo ne put freiner à temps. Il tenta d'esquiver le choc, percutant la barrière de sécurité pour finir contre un arbre qui semblait attendre ce moment depuis cinquante ans. Leur voiture, qui s'était retrouvée le toit contre le sol, resta à l'envers pendant une heure. Mateo était indemne, enfermé à côté du corps disloqué de sa femme. Le jeune couple restait pendu à ses ceintures de sécurité, tandis qu'un petit être à venir se refroidissait inexorablement, lui aussi enfermé.

Il fixait à présent le mur, les bras ballants. Deux mois après, une horreur viscérale l'habitait toujours, mais aussi un sentiment implacable d'isolement. *Je ne sais pas pourquoi je ne peux pas pleurer.* Je lui posais des questions, découvrant sa vie et ses envies. Originaire de Barcelone, il était architecte, et joueur d'échec passionné. Il avait pleuré en voyant son épouse en robe de mariée dans le jardin où ils célébrèrent leurs noces, et peu après lorsqu'elle lui apprit qu'elle était enceinte.

Mateo était donc un homme dont le moi intérieur et les émotions savaient se projeter dans le monde, mais cette faculté était à présent très réduite. Son langage était pauvre et sans relief. Il semblait ailleurs, hors du temps, absorbé par une unique direction. Je lui demandai ce qu'il comptait faire. Il n'avait devant lui que le néant. Il ne pouvait pas même se projeter de quelques minutes dans le futur, qui lui apparaissait comme un immense mur blanc, sans contour, impossible à franchir.

Même s'il se sentait sans avenir, Mateo souffrait toujours de son passé. Un souvenir le hantait. Son cerveau ne cessait de le renvoyer à ce petit matin où, quelques années plus tôt, il avait percuté sur une autoroute un raton-laveur, un mammifère particulièrement intelligent. Il conduisait vite, seul au volant, et l'animal était sur la voie de droite, immobile, sans doute frigorifié, le regardant arriver. Il n'avait pas cherché à l'éviter. Il avait peur de faire une embardée, et puis il était confiant dans la puissance de son véhicule. Le choc avait été bref, tout juste un instant. Dans un terrier, quelque part, l'animal était attendu mais il ne reviendrait jamais. Sa voiture roulait, roulait et Mateo rentra chez lui. Pas le raton-laveur.

Il s'efforçait de comprendre ce qui s'était passé. Qu'est ce qui importait vraiment dans son passé ? Il repassait sans cesse le film de sa vie. Avait-il dû payer du prix terrible de la vie de sa femme le fait de n'avoir pas voulu épargner une autre vie ? Son esprit ressassait sans cesse ces histoires, disséquant interminablement ses décisions passées, mais ces ruminations ne menaient à rien. Il s'était abandonné lui-même au bord de la route, un roi isolé, sans avenir. Il voulait disparaître du monde, demander à Dieu pourquoi il était toujours là. *Je ne sais pas pourquoi je ne peux pas pleurer.*

*

L'impossibilité de pleurer chez un jeune veuf anéanti d'un côté ; les larmes irrépressibles d'un jeune étudiant en médecine de l'autre. Et tant d'autres fois où nos pleurs nous submergent. Leur complexité et leur subjectivité peut faire croire qu'elles sont hors de portée de la science. Face à de tels mystères, le scientifique devrait d'abord simplifier le problème, le réduire à des paramètres qu'il contrôle, trouver un point de vue qui le rende objectivable et mesurable. Mais dans ce cas, le cœur du problème est précisément la subjectivité.

Il ne faut pas renoncer face à de telles énigmes. Dans l'histoire récente des sciences, il est fréquent que des sujets de recherche innovants soient d'abord apparus comme inaccessibles à la démarche scientifique. Les idées nouvelles restent souvent marginales, avant d'être acceptées lorsqu'elles parviennent à convaincre qu'elles peuvent mesurer de manière répétée quelque chose d'intéressant. On sait par exemple avec certitude, et c'est une des récentes avancées spectaculaires des sciences, que certains de nos ancêtres *Homo sapiens* se sont accouplés avec des hominidés néandertaliens, avec qui notre espèce a cohabité en Europe pendant des milliers d'années. Sujet de spéculation romanesque il y a encore quelques décennies, cette question est aujourd'hui étudiée scientifiquement. Nous savons que ces accouplements ont existé, et nous pouvons même mesurer précisément la part de notre génome hérité de Néandertal : autour de 2 %. Ce passage de la fiction à la science a été permis par l'invention d'un nouveau type de mesure – en fait d'une nouvelle discipline, appelée paléogénétique – au croisement de l'innovation technologique (le séquençage d'ADN de fossiles) et de la curiosité humaine.

Les questions sur nos origines et l'histoire de notre lignée se posent mieux maintenant que nous avons connaissance de ces 2 % de patrimoine génétique hérité de Néandertal. Bien des détails de restent à préciser (dont certains pourront l'être par ces mêmes techniques) pour reconstituer cette histoire tragique de croisement entre hominidés, conduisant il y a 40 000 ans – il y a seulement 1 400 générations – au dernier souffle du dernier des Néandertal, sans doute isolé dans une grotte reculée d'une côte espagnole.

Et pourtant, le mystère de la longue marche vers l'humanité telle que nous la connaissons n'est pas résolu par ces 2 %, chiffre aujourd'hui certain. La curiosité humaine s'accroît avec le savoir scientifique, comme si nous grimpions petit à petit, pas à pas, sur l'immense falaise de la nature. Un autre de ces pas est venu des recherches fondamentales, qui ont permis de faire des états intérieurs – la peur, l'espoir, la douleur – que nous connaissons tous des sujets de recherche, comme l'ont été avant la lumière, les éclairs, et les mystérieuses couleurs du soleil couchant.

*

Les avancées scientifiques passent presque toujours par la possibilité nouvelle de mesurer. Et les états intérieurs, même s'ils semblent intimement perçus, produisent des manifestations mesurables. Les expériences d'optogénétique ont montré que ces manifestations peuvent prendre des formes concrètes le long des axones, ces fils qui forment la tapisserie tridimensionnelle du cerveau des mammifères. L'exploration des fils de l'anxiété est une de ces avancées.

L'anxiété est un état complexe, dont nous connaissons bien les manifestations physiologiques (accélération des rythmes cardiaque et respiratoire) et comportementales (nervosité et appréhension des risques, même en leur absence) et, en définitive, subjectives : un état intérieur négativement ressenti. En un mot comme en cent, on se sent mal.

Ces manifestations si caractéristiques devraient s'expliquer par l'activité d'une grande variété de cellules dans le cerveau reliées par de nombreuses connexions. L'optogénétique, et d'autres méthodes, ont permis de le démontrer. Chacune des composantes de l'anxiété (la respiration accélérée, le comportement d'évitement du risque, et le ressenti désagréable) s'explique par des faisceaux axonaux que l'optogénétique permet d'identifier et de manipuler. Entrons à présent dans les détails.

Imaginons un point du cerveau profond, une sorte de point d'ancrage d'où partent de nombreux fils le reliant, par des boucles complexes et interdépendantes, à différentes régions du cerveau. Ce n'est pas qu'une expérience de pensée. Ce point est la région qui contrôle l'anxiété, appelée l'amygdale, et plus précisément en son sein le noyau du lit de la strie terminale (NLST) et les fils sont les axones qui en partent.

Ces fils se projettent dans de nombreuses directions, plongeant parfois dans le cerveau profond, vers des régions indispensables à la genèse de l'anxiété dans toutes ses manifestations. Une de ces directions est le pont ; précisément là où une tache sombre apparaissait chez la petite Andi.

Comment pouvons-nous savoir que ces fils-là sont importants, au vu des innombrables interconnexions du cerveau ? C'est ici qu'interviennent les gènes de micro-organismes. Ils permettent de donner de nouvelles instructions à telle ou telle connexion située dans les sombres profondeurs du cerveau : de les faire répondre à la lumière.

Nous avons pour cela utilisé un simple gène d'une algue verte unicellulaire, un fragment d'ADN codant pour une protéine activée par la lumière appelée « channelrhodopsine » qui laisse entrer dans la cellule les ions chargés positivement (ce qui constitue un signal de stimulation du neurone, le conduisant à émettre à son tour un signal électrique). Nous avons introduit ce gène dans le NLST de la souris par l'intermédiaire d'un virus capable de se glisser dans les neurones de mammifères. Les cellules du NLST se sont alors mises à produire, bien involontairement, la channelrhodopsine, conformément aux instructions génétiques de l'ADN, ce manuel d'assemblage universel de la vie.

Éclairés avec une intense lumière laser bleue (provenant d'une fibre optique de la taille d'un cheveu), les neurones du NLST se mettent à émettre des potentiels d'action, ces signaux électriques qui manifestent leur activation. C'est là pour les neurones une propriété entièrement nouvelle, une sorte de nouveau langage que leur ont appris, avec notre aide, les algues. Mais dans nos expériences, nous n'activons pas tout de suite la lumière. Nous attendons quelques temps, ce qui permet l'apparition d'un langage encore plus complexe.

Au bout de plusieurs semaines, la channelrhodopsine (que nous avons couplé à une protéine fluorescente jaune, de manière à pouvoir la localiser) emplit non seulement les cellules du NLST, mais aussi tous les axones qui en partent. Chaque neurone a son propre motif de connexions, qui le relie à des régions différentes du cerveau. Ces connexions apparaissent alors comme des rayons de soleil, irradiant toutes les régions avec lesquelles le NLST parle, toutes les régions qui reçoivent des messages de ce centre de l'anxiété.

Les possibilités ainsi ouvertes sont très nombreuses. Une fibre optique peut être placée non dans le NLST mais dans une région périphérique, dans n'importe laquelle des cibles du NLST. La lumière laser y induit alors un phénomène très spécifique. Les seuls éléments à être sensibles à la lumière, qui apparaissent comme des fils jaunes, sont les axones en provenance du NLST. L'éclairage va donc activer les seuls neurones du NLST qui envoient des projections vers la région éclairée, par exemple le pont. La lumière nous permet ainsi de contrôler un seul type de fibre, défini par son origine et sa cible, parmi un dense faisceau de fibres entremêlées.

Chez la souris, ce type d'expérience nous a permis de découvrir une connexion du NLST vers le pont – siège de l'abducens d'Andi mais aussi d'une sous-région appelée noyaux parabrachiaux impliqués dans la respiration – capable de réguler la fréquence respiratoire. C'est le seul effet de cette connexion que nous avons pu mettre en évidence. La stimulation optogénétique de cette voie augmente le rythme respiratoire, comme on l'observe dans l'anxiété, mais sans en faire apparaître les autres aspects, comme l'aversion pour le risque.

Ce dernier trait est contrôlé par d'autres fibres, reliant le NLST à une autre structure appelée hypothalamus latéral, moins profonde que le pont. Leur activation optogénétique change la manière dont la souris explore son environnement (évitant par exemple le centre de son espace, qui est la partie où elle est la plus vulnérable car la plus exposée aux prédateurs) sans rien modifier d'autre. Aucun changement de la fréquence respiratoire n'a par exemple été observé. Une seconde manifestation de l'anxiété a ainsi pu être isolée expérimentalement, dévoilant que les différents aspects d'un état mental sont inscrits dans différents types de connexions physiques.

Qu'en est-il de la troisième manifestation de l'anxiété, qui est de se sentir mal ? Nous l'appelons valence négative, définie comme le contraire de la valence positive (un ressenti agréable, comme lorsque l'anxiété prend soudainement fin, et qui est plus que la simple absence de négativité). De premier abord, cet aspect semble difficile à étudier chez la souris, puisqu'elle ne parle pas. Et la difficulté est peut-être tout aussi importante chez l'homme, puisque sa parole n'est pas toujours fiable et précise. Pourtant, aussi subjectif que soit cet aspect, nous sommes parvenus à en proposer une mesure.

Dans le test dit de *préférence de lieu*, un animal peut explorer deux pièces similaires et reliées entre elles, exactement comme un humain visitant deux chambres identiques dans une nouvelle maison. Supposons que cette personne ressente un très vif plaisir dès qu'elle entre dans une pièce, qui cesse dès qu'elle en sort. Elle va évidemment passer le plus de temps possible dans cette pièce. Le temps passé dans cette pièce offre ainsi à l'observateur une mesure d'un état intérieur, en l'occurrence la sensation de plaisir. Mais cet observateur ne peut décrire précisément ce qui est ressenti. Une batterie d'autres tests est nécessaire pour cela.

Tout ce qu'il peut en conclure est que cette pièce est de valence positive. La valence négative peut également être observée : il suffit de mesurer l'évitement d'un endroit (comme lorsque nous évitons un lieu associé à la disparition d'un être aimé).

Une souris est donc laissée libre d'explorer deux pièces adjacentes. Puis une fibre optique déclenchant automatiquement un éclairage laser du cerveau lorsque l'animal entre dans l'une des deux pièces – par exemple la gauche – est installée. Si la cible optogénétique (à savoir les fibres neuronales rendues sensibles à la lumière) est associée à une sensation de valence négative, la souris va vite se mettre à éviter la pièce de gauche, comme nous le ferions nous aussi. À l'inverse, en cas de valence positive, elle passera davantage de temps dans la pièce de gauche, associée à la lumière.

Quel faisceau de fibre originaire du NLST gouverne ces valences positive ou négative, qui traduisent la subjectivité de notre état intérieur ? Curieusement, ce ne sont pas les connexions vers le pont ou l'hypothalamus latéral déjà évoquées, mais une troisième, vers une autre région profonde proche du pont : l'aire tegmentale ventrale (ATV), formée de neurones produisant un petit neurotransmetteur, la dopamine. Ce noyau a une grande diversité de rôles et d'activité, mais toutes sont liées à la récompense et à la motivation. Il est responsable de la préférence de lieu chez la souris (et pourrait donc, chez l'homme, jouer un rôle dans la subjectivité) sans être impliqué dans les autres manifestations de l'anxiété : la fréquence respiratoire et l'évitement du risque. Ainsi donc, un état intérieur complexe peut être déconstruit en phénomènes indépendants, chacun lié à un des faisceaux de fibres définis par leur origine et leur cible, se projetant à travers le cerveau.

Cette approche ne se limite pas à l'étude de l'anxiété, mais peut s'appliquer à l'ensemble du comportement des mammifères. Même le phénomène complexe des soins parentaux aux nouveaux-nés a pu être déconstruit en plusieurs composants indépendants, reliés à des projections à travers le cerveau, comme l'a montré cinq ans plus tard un autre groupe de chercheurs utilisant le même type de méthode que nous. L'anxiété n'a cependant pas livré tous ses secrets. Reste par exemple entière, même si nos expériences offrent un cadre pour la penser, la question de savoir pourquoi un état mental est positif ou négatif. Puisque l'évitement du risque et la préférence de lieu sont deux phénomènes bien distincts, pourquoi un état est-il ressenti comme bon ou mauvais ? Puisque le comportement est le produit de la sélection par la survie – ce qui explique l'évitement du risque, gouverné par la projection vers l'hypothalamus latéral –, à quoi servent les préférences, les goûts subjectifs, de la connexion vers l'ATV ?

L'évolution par la sélection naturelle s'opère sur des actions qui se produisent dans le monde réel – c'est ce que fait un animal qui va affecter sa survie et sa reproduction, non ce qu'il ressent – et il est donc possible que le ressenti intérieur de l'animal n'ait aucune importance pourvu que l'action soit accomplie. Si la souris évite déjà le centre de l'espace où elle évolue, la portion la plus à risque pour elle, grâce à la projection du NLST vers l'hypothalamus latéral sans qu'aucun ressenti positif ou négatif n'y soit associé, alors à quoi sert la projection vers l'ATV ? Se sentir mal semble inutile, et surtout une source de souffrance considérable. Après tout, l'essentiel de la souffrance, en psychiatrie, provient du ressenti subjectif négatif d'état comme l'anxiété ou la dépression.

Une explication pourrait être que la vie opère des choix entre des catégories tellement différentes qu'elles ne peuvent être comparées entre elles. La subjectivité – le fait de sentir bien ou mal, par exemple – pourrait être une sorte d'unité monétaire commune à l'économie interne du cerveau, permettant d'attribuer une valeur positive ou négative exprimée dans une même unité à des choses aussi variées que la nourriture, le sommeil, la sexualité, ou la vie elle-même. Cette monnaie commune permettrait de prendre des décisions délicates entre choses difficilement comparables et d'adopter rapidement l'action appropriée pour la survie de l'individu et de l'espèce. Sans elle, dans un monde complexe qui nécessite des réactions si rapides, de mauvais choix – s'immobiliser là où il faudrait fuir, ou l'inverse – seraient souvent faits.

Il est possible que l'évolution exerce une pression sur ces monnaies communes et leurs taux de conversion. La valeur relative (exprimée dans cette unité commune de la subjectivité) attribuée par le cerveau à différents états détermine nécessairement les décisions prises, aux conséquences souvent vitales. Mais ces conversions monétaires doivent pouvoir varier, au cours d'une vie ou tout au long de l'évolution, ce qui pourrait se matérialiser physiquement par des modifications dans la force de certaines connexions vers des régions impliquées dans l'appréciation de la valence, comme l'ATV.

Les expériences d'optogénétique m'ont appris que des valeurs subjectives, positives ou négatives, et leurs manifestations mesurables (le rythme respiratoire, et peut-être les larmes) pouvaient être ajoutées ou enlevées du cerveau avec une précision étonnante. Mais je l'ai découvert trop tard, après le passage aussi bref qu'inoubliable de Matteo dans ma vie. Lorsque je parlais avec lui dans la salle d'urgence, je ne pouvais pas savoir que l'on pouvait distinguer de manière si précise les différents éléments d'un état mental, ni que cette séparation pouvait s'opérer selon la forme physique de chaque élément (une activité électrique le long de connexions reliant des parties éloignées du cerveau).

Face à Mateo, je ne pouvais pas comprendre pourquoi il ne pouvait pas pleurer, alors qu'il présentait tous les signes de la plus profonde souffrance humaine.

*

Aujourd'hui encore, certains des mystères de nos états mentaux restent hors de portée de la recherche scientifique. Les études sur l'amour, les larmes ou la conscience restent très faibles. Tant que des mesures objectives et quantitatives (comme celles que propose la paléogénétique de Néandertal ou l'optogénétique pour l'étude des fonctions cérébrales) ne seront pas inventées, il sera difficile de progresser dans ces domaines.

En ce qui concerne les larmes, un biologiste est enclin à se dire qu'il doit y avoir une raison évolutive à l'existence d'un petit canal relié à des glandes lacrymales, secrétant un fluide de manière prévisible dans certains contextes communs aux individus d'une même espèce. Le sujet devrait donc être abordable scientifiquement. Si l'on pouvait démontrer que l'activité de ce canal est reliée à de fort ressentis, à des états subjectifs internes, il y aurait là un sujet d'études passionnant, car mêlant l'objectif et le subjectif, pour un scientifique, un psychiatre ou n'importe qui s'intéressant aux liens entre le corps et l'esprit humain.

En psychiatrie, les larmes ont un sens. Nos patients font saisis d'émotions extrêmement fortes, et sur ces dernières, leur reconnaissance, leur expression et la manière dont elles s'articulent entre elles, que nous travaillons. Nous sommes professionnellement formés à observer la moindre larme, du sanglot réfréné aux vastes effusions, parfois manipulatrices. Et pourtant, la science des larmes est bien peu avancée.

Les larmes liées aux émotions ne peuvent être étudiées chez les animaux. Elles sont un propre de l'homme, car leur existence chez nos cousins les plus proches, les grands singes, n'est pas clairement attestée. Pourquoi ? Nous l'ignorons. Les larmes sont un puissant moyen d'induire des liens émotionnels. En ajouter, par une manipulation numérique, sur des photos de visage que l'on présente à une personne modifie de manière significative la sympathie, ou l'envie d'aider, qu'elle dit éprouver, et ce de manière bien plus importante que toute autre modification des traits du visage. Nous sommes pourtant des animaux tout aussi sociaux que nos cousins chimpanzés ou bonobos, et pourtant nous sommes les seuls à pleurer, les seuls à pleurer seuls.

Nous donnons à voir nos états intérieurs par ce curieux signal, qu'il y ait ou non un public pour le recevoir, sans en attendre quoi que ce soit. Mais nos parents les grands singes ne sont pas les seuls à être exclus des larmes. Bien des *Homo sapiens* le sont aussi, ne manifestant jamais leurs émotions par des pleurs. Pourtant, même des personnes incapables, du fait d'un handicap profond, de parler, comprennent et répondent aux larmes d'autrui. Être incapable de ce type de communication a sans doute un coût. Il a pu être montré que les personnes qui ne pleurent jamais ont un attachement aux autres diminué, même si on ignore si c'est là un effet de la vie qu'ils ont menée, ou une sorte de prédisposition innée.

L'absence de ce signal involontaire de communication que sont les larmes chez certains humains et chez nos plus proches parents non-humains reflète peut-être une innovation évolutive inachevée, que ce soit parce que son intérêt n'est pas encore universel ou parce qu'il s'agit d'une nouveauté survenue par hasard qui ne s'est pas encore répandue – à supposer qu'elle le fasse un jour – dans toute l'espèce humaine. N'oublions pas que toutes les innovations évolutives sont le fruit du hasard. Peut-être les pleurs liés à l'émotion sont-ils apparus suite à une reconfiguration aléatoire d'axones ? Tous les axones, comme ceux qui partent du NLST, sont guidés au cours du développement cérébral dans des directions spécifiques par des molécules de guidage, des genres de minuscules panneaux de signalisation qui guident la fibre axonale dans sa lente croissance, l'aiguillant dans une direction ou lui interdisant au contraire une autre. Comme toute chose en biologie, ce système complexe est né des mutations aléatoires survenues durant des millions d'années, et l'apparition de nouvelles fonctions liées à ces mutations est tout aussi aléatoire.

Toute mutation survenant dans n'importe lequel de ces gènes gouvernant la mise en place de ces molécules de guidage est susceptible de modifier la trajectoire d'axones à travers le cerveau. Une seule peut faire apparaître des connexions entièrement nouvelles. Il suffit que quelques axones quittant les aires du cerveau impliqués dans les émotions changent légèrement leur trajet pour qu'apparaisse un nouveau type d'être humain, avec une nouvelle manière d'exprimer ses émotions.

De telles innovations seraient susceptibles de créer de nouveaux canaux de communication, avec une efficacité vraiment remarquable, si l'on réfléchit à l'importance considérable d'un évènement aussi mineur qu'un faisceau d'axone changeant légèrement, au cours du développement, sa projection du fait d'une infime modification d'un signal de guidage. Comme toujours dans l'évolution, les nouveaux acteurs étaient déjà là, mais attendaient qu'on leur confie un nouveau rôle. Et dans l'exemple que nous avons développé jusque-là, c'est ce qui a pu se produire, de manière infime, pour des axones partant de régions antérieures du cerveau, comme le NLST, vers des régions anciennes et plus profondes, comme le tronc cérébral et ses noyaux parabrachiaux impliqués dans la respiration.

Juste à côté de ces derniers, deux nerfs crâniaux ont leur point de départ : le sixième, l'abducens, celui que le cancer d'Andi avait détruit, mais aussi le septième, ou nerf facial. Toutes ces structures se bousculent au milieu de cellules dans une petite région du pont, entassé dans cet unique passage entre le cerveau et la moelle épinière. Or, le septième nerf crânien est un candidat tout désigné si l'on veut expliquer l'apparition des larmes. Ses fonctions sont bien plus complexes que celles de l'abducens, car il envoie un flux d'informations – et en reçoit tout autant – vers de nombreux muscles du visage mais aussi des capteurs de la peau. Le nerf facial est le maestro des mimiques, mais aussi le grand maître de la glande lacrymale, ce magasin des larmes.

Du point de vue évolutif, le système lacrymal est apparu pour nettoyer l'œil de substances irritantes. Aujourd'hui, suite à une reconfiguration tout à fait sommaire du câblage neuronal, il se trouve impliqué dans l'expression des émotions, sans doute en parallèle avec d'autres reconfigurations de fibres dirigées vers les centres respiratoires – dont les noyaux parabrachiaux – ce qui explique l'effet spectaculaire et les contractions du diaphragme des sanglots. On peut se demander quel effet fit sur son entourage, amis ou ennemis, mais qui n'avaient en tout cas jamais vu rien de tel, le premier humain chez qui une mutation permit l'apparition des larmes émotionnelles, et plus encore de sanglots. La communication par les yeux était importante de longue date – les yeux étant à la fois toujours accessibles et très expressifs – ce qui fait que cette innovation survenait certes par hasard, mais au bon endroit du point de vue de la communication. Il est bien possible que le premier homme pleurant n'ait suscité autour de lui aucun intérêt, aucune émotion, juste une curiosité pour cet écoulement salé. L'intérêt et la signification de cette nouveauté pour la survie et la reproduction a sans doute mis des générations à se manifester.

Si l'on veut trouver une signification évolutive aux larmes, il faut se pencher vers les moments où elles surgissent. Chez l'homme, elles sont largement involontaires, sans commune mesure par exemple avec le sourire ou d'autres expressions du visage. Les larmes sont un journaliste honnête, décrivant un certain sentiment. La recherche s'est beaucoup intéressée à l'importance des larmes pour la communication sociale, mais elles ont aussi leur importance, et sans doute leur nécessité, lorsqu'elles s'écoulent dans la solitude.

De prime abord, cette expression incontrôlée d'un état émotionnel semble un inconvénient plutôt qu'un avantage, car on a rarement intérêt, dans un environnement social complexe, à dévoiler ses sentiments. On pourrait donc d'attendre à ce que la sélection naturelle ait éliminé, plutôt que conservé, cette innovation. Qu'il s'adresse à autrui ou à soi seul, soulignons que ce signal est resté en général involontaire, et à ce titre presque toujours authentique.

Les larmes sont-elles toujours en train d'évoluer sous la pression sélective, que ce soit pour échapper ou au contraire passer sous le contrôle de notre volonté ? Nous pouvons apprendre à déclencher les pleurs aussi facilement que nous sourions, mais les garder incontrôlables a plus d'avantages pour un individu que d'apprendre à les déclencher. De fait, elles agissent comme un signal d'authenticité reconnu et identifié par toute l'espèce. Elles sont perçues par la plupart des êtres humains comme un signal de communication bien plus important que les mimiques faciales, comme le sourire, ce qui les rend plus efficaces pour obtenir de l'appui et du soutien lorsqu'ils sont absolument indispensables.

Il est possible qu'une sorte de co-évolution entre deux comportements liés aux sentiments – les larmes et la réponse aux larmes – soit à l'œuvre au sein de notre espèce. Elle aurait abouti à un genre de code, de langage interne partagé entre groupes et individus, mais toujours susceptible d'évoluer comme toute chose en biologie. Les larmes ne marchent pas toujours, mais pour peu que leurs échecs restent rares, le système formé des pleurs et des réponses qu'elles induisent conservent sa valeur de canal de communication de l'authenticité.

Dans notre espèce, un tel canal a pu acquérir de l'importance dès lors que nous sommes devenus des êtres cognitifs hautement sociaux, capables de tromperie et de dissimulation car contrôlant bien la plupart de nos expressions. Mais si tout peut être mimé, si tout ne peut être que tromperie, alors la communication sociale perd presque toute valeur. Une sorte de course aux armements a pu s'enclencher entre mensonge et sincérité, avec des trêves lorsqu'un nouveau signal accède au contrôle volontaire (conférant ainsi un avantage aux individus qui l'ont développé) jusqu'à ce que, quelques millions d'années plus tard, les hasards d'une erreur de guidage axonal conduisent à de nouvelles connexions, peut-être impliquées dans les surfaces de la peau et des expressions comme le rougissement ou les larmes, ne restaure cette valeur d'authenticité et relance la course aux armements.

Les pleurs liés aux émotions existant dans toute l'humanité, nous pouvons être certains que nous ne les avons pas hérités des Hommes de Néandertal, qui n'ont laissé des fragments de leurs génomes que dans les lignées européennes. On ignore si les Néandertaliens pleuraient. Il est probable qu'ils l'aient fait, si les larmes sont apparues chez un ancêtre commun à tous les hominidés. Les Néandertaliens formaient des groupes sociaux stables, soudés par des traditions culturelles, ils pratiquaient des formes d'art symbolique et enterraient soigneusement leurs enfants. J'aime à penser qu'ils pleuraient.

*

Mateo n'était pas suicidaire mais pouvait être diagnostiqué comme souffrant d'une dépression sévère. C'est l'étiquette que je lui mis durant cette nuit, même si je savais que c'était là une simplification outrancière.

Mais parmi les différents symptômes de la dépression, Mateo montrait des signes très nets de désespoir, et une incapacité à se projeter dans le temps. Sans espoir pour l'avenir, il ne pouvait que regarder vers le passé.

Il ne pleura jamais durant cette nuit. En y repensant, je me dis qu'un lien mystérieux relie les larmes à la tristesse, lorsqu'elles surgissent, et que les larmes de joie sont encore plus mystérieuses. Elles peuvent jaillir de la fragilité comme de l'espérance. Je parvins à ne pas écrire cela dans mon compte-rendu médical, ni que Mateo avait perdu l'espoir même de pleurer.

Lorsque nous pleurons de joie, comme lorsque nous ressentons intimement la chaleur humaine à un mariage ou la profonde empathie d'un enfant, il se produit comme un scintillement d'espoir en l'humanité. Nous pleurons à un mariage ou à une naissance, saisi par l'émotion tout en sachant très bien la fragilité de la vie et de l'amour, espérant que la joie que nous partageons ne cessera jamais. Nous espérons que ces sentiments ne cesseront jamais, que tout cela durera toujours, même si nous savons que c'est impossible.

Il semble donc y avoir dans les larmes de joie quelque chose qui relève de l'anxiété puisqu'une menace – même si elle n'est pas immédiate – est perçue.

À l'autre extrémité du spectre émotionnel, les larmes de tristesse de l'adulte surviennent souvent lorsque nous sommes contraints de tout reprendre dans notre existence, comme si l'espoir que nous placions dans l'avenir avait été trahi et que nous devions entièrement redessiner la carte (et une carte est un espoir) de nos vies à venir. Dans ces larmes, l'espoir peut être toujours là, même s'il prend des formes renouvelées. De ce fait, nous informons nos congénères, nos proches, notre famille et nous-même, de manière à la fois involontaire et sincère, que notre avenir est fragile et en pleine recomposition.

En quoi l'évolution est-elle concernée par l'espoir ? Même si l'idée peut paraître abstraite, l'espoir est une denrée dont les êtres vivants doivent user avec parcimonie, la réservant aux situations où il peut motiver des actions raisonnables. Un espoir déraisonnable peut être dangereux, voire mortel. Tout organisme doit trouver ses propres arbitrages à chaque fois qu'il faut choisir entre combattre et se mettre à l'abri. La colère ou le retrait, la lutte ou l'hibernation, les larmes ou non : toute vie doit impérativement affronter de tels choix, faire de tels calculs face à la dureté du monde. Les circuits contrôlant d'espoir doivent être efficaces. Comme notre mode de vie de primate est très énergivore – un quart des calories que nous brûlons le sont dans le cerveau – les vieux circuits de retrait et d'évitement de l'action se sont peut-être étendus dans notre espèce jusqu'à l'abandon de l'espoir même, cette folle prétention qui occupe nos cerveaux au détriment de nos muscles.

Des circuits anciens et conservés ont aidé l'évolution à nous doter de cette faculté. Même les poissons à sang froid savent choisir entre action et passivité pour affronter l'adversité, comme l'a montré une étude de 2019 sur le poisson-zèbre, un minuscule poisson dont le plan d'organisation est fondamentalement le même que le nôtre, mais dont le corps est assez petit et transparent pour laisser passer la lumière. Deux structures profondes de son cerveau, appelées l'habenula et le raphé, ont pu être observées en pleine activité lors de la transition d'une attitude active à une attitude passive de retrait et d'indifférence face à une épreuve.

L'optogénétique a permis de montrer que l'activité neuronale de l'habenula favorise une attitude passive, marquée par l'immobilité. À l'inverse, l'activité du raphé (qui produit l'essentiel d'une substance neurochimique appelée sérotonine) s'accompagne d'un engagement actif de l'animal, qui affronte la difficulté. La manipulation optogénétique de ces deux structures a permis de modifier instantanément le comportement de l'animal : actif si le raphé est activé, passif si c'est l'habenula.

On connaissait déjà, grâce à l'optogénétique et d'autres méthodes, le rôle de ces deux structures dans ce genre de transition comportementale chez les mammifères. Puisqu'on l'observe aussi chez le poisson-zèbre, évolutivement éloigné, on peut affirmer avec confiance que les fondements biologiques qui suppriment l'action lorsqu'elle n'a aucune chance d'aboutir sont anciens, conservés et efficaces. Et qu'ils doivent donc être importants pour la survie.

Tous les petits animaux peuvent toujours trouver un terrier ou une anfractuosité rocheuse où se dissimuler en cas de danger.

Même le minuscule ver nématode *Caenorhabditis elegans* s'avère, avec ses 302 neurones, calculer l'intérêt respectif d'explorer activement plutôt que de rester immobile. Les cerveaux plus gros ont des options bien plus variées. Ils peuvent ruminer ou s'inquiéter, et concevoir des arbres de décision complexes aux ramifications dessinant de nombreux futur. Une certaine passivité mentale – une dévalorisation de la valeur de nos actions et de nos pensées – est peut-être utile. L'espoir tire ses ressources de nos budgets attentionnels et émotionnels, et il est peut-être préférable de les économiser pour les cas où la lutte sera inévitable et de nous épargner l'inconfort des larmes lorsqu'il n'y a plus aucun espoir.

*

Durant cette nuit au service des urgences, j'eus le plus grand mal à trouver comment aider Mateo. L'hôpital était en pleine activité et il n'y avait pas de chambre libre pour lui. Comme il n'était pas suicidaire, et ne voulait de plus pas rester à l'hôpital, je ne pouvais pas l'admettre dans notre unité fermée, et notre unité ouverte était complète. On pouvait certes envisager un transfert vers d'autres hôpitaux, mais ce n'est pas l'idée que nous – Mateo, ses frères et moi – choisîmes. Il repartit chez lui avec un rendez-vous pour un suivi régulier, non sans que j'eusse passé une heure avec lui, toujours dans la salle d'urgence, pour une sorte de psychothérapie expresse.

C'est une pratique à laquelle nous recourons souvent en psychiatrie, volant du temps à nos quotidiens surchargés jusque dans des endroits aussi exigus et incommodes que la salle huit de ce service d'urgence. Il est presque impossible de nous en empêcher comme il est impossible d'empêcher un chirurgien d'accomplir un geste qui soulage. C'est inévitable, dans ce métier.

Rien ne marche en psychiatrie sans fondations. On ne peut tisser sans fils de trame. Notre premier réflexe de psychiatre est d'essayer de comprendre ce que signifiera pour le patient – avec les fils entremêlés de sa vie biologique, sociale et psychologique – une guérison, non pas sur le moment, mais à terme, en prenant le temps de rebâtir quelque chose de solide. Nous le faisons même si nous pensons ne plus jamais revoir le patient, ce qui était mon cas cette nuit. J'allais renvoyer Mateo chez lui et à un traitement ultérieur. J'allais poursuivre mes stages de service en service. Et nos trajectoires avaient toutes les chances de ne plus jamais se croiser.

Mais j'y passais beaucoup, beaucoup de temps, sans le voir passer. Je ne m'en rendis compte qu'à la fin de mon service, rentrant chez moi en voiture, les yeux emplis de larmes qui diffractaient la lumière des phares, en prenant un peu de recul, en comprenant qu'une autre personne, un autre patient, était aussi en jeu.

Si j'avais passé si longtemps avec Mateo cette nuit, c'est que je n'étais pas prêt, pas prêt à affronter l'enfer qu'il vivait, et que je n'avais rencontré qu'une seule fois. La thérapie était pour moi autant que pour lui, pour mes larmes qui, elles, coulaient. Une connexion temporelle s'était formée dans mon esprit. Dans mes larmes, je revoyais Andi, face à qui j'avais été exactement dans la même situation d'impuissance, tout aussi peu préparé. Andi, la petite fille avec quelque chose au tronc cérébral, disparue depuis longtemps à l'issue d'un voyage que personne ne put partager avec elle.

Mais cette fois, j'avais eu l'impression de pouvoir faire quelque chose. Pas grand-chose, mais quelque chose tout de même. Faire, en un lieu et un moment donné, tout ce que l'humanité peut pour une personne. Ce n'était pas rien.

*

Des années plus tard, après les recherches sur le NLST et l'anxiété, je découvris des relations plus étroites encore entre Andi et Mateo. Ils m'avaient valu les pires moments de médecin, ceux qui m'avaient nécessité le plus d'effort pour les surmonter. Et le curieux point commun entre eux était qu'ils souffraient d'anomalies dans les fibres du même point profond du système nerveux : dans le pont, ce sous-bassement du cerveau qui contrôle les larmes, les mouvements oculaires et la respiration, en un point où deux fines petites cordes, les sixième et septième nerf crâniaux ne pouvaient plus vibrer.

Je ne sais pas ce que cela signifie, si cela signifie quelque chose. Tout ce que je sais est que ce point est ancien et profond.

Le naturaliste Loren Eiseley a écrit qu'un symbole « une fois défini ne satisfait plus le besoin humain de symboles ». Eiseley observait la nature et y voyait des symboles qu'il notait, par exemple une araignée construisant sa toile en plein hiver autour d'une lampe d'éclairage public. Cette image l'émouvait, même s'il était presque certain que « son combat contre les forces obscures et terribles de l'hiver pour atteindre la chaleur de cette lampe était sans espoir et ne mènerait à rien. [...] Il y avait là quelque chose à méditer au jour du dernier combat contre le vide glacial [...] *Chercher un soleil mineur au cœur du gel* ». Eiseley était ému par l'espoir que symbolisait cette lutte contre un hiver implacable, comme elle émeut scientifiques et artistes. Elle est proche de ce qui fait jaillir nos larmes.

Pour Mateo, il n'y avait plus assez d'espoir pour pleurer, à présent que sa femme et l'enfant qu'elle portait avait disparu. Son absence de larmes était aussi l'obscurité de son avenir. Mais d'une certaine manière, je savais, ou pensais savoir, qu'il aimerait à nouveau. L'espoir n'était pas mort, mais il ne pouvait pas le voir, et c'est pourquoi je pleurais, et pas Mateo.

L'espoir ne cesse vraiment que lorsque s'éteint le dernier représentant d'une espèce sensible. Dans l'histoire de notre lignée, cela s'est produit plusieurs fois, au bout des branches mortes de notre grand arbre généalogique. Les Hommes de Néandertal et d'autres, dans leurs derniers jours, ont vécu cette tragédie dont toutes les autres ne sont que des métaphores.

L'extinction est naturelle. En moyenne, toutes les espèces de mammifères semblent vivent environ un million d'années. À ce jour, les humains modernes n'en ont vécu que le cinquième, mais nous avons déjà survécu à des crises mystérieuses dont nous trouvons trace dans nos génomes durant lesquelles la population humaine en âge de se reproduire ne comptait plus de par le monde que quelques milliers d'individus.

De tels évènements démographiques pourraient expliquer la prévalence de traits curieux qui n'ont pas de valeur évolutive évidente, de comportements parfois rudimentaires (comme les larmes) qui n'apportent qu'un très léger avantage et ne trouvent donc pas dans toute la population. Lorsque la population d'une espèce passe par un goulot d'étranglement – lorsque seule une petite fraction survit ou migre – n'importe quel trait présent chez les survivants (ou les migrants) va se retrouver surreprésenté, qu'il soit important ou non pour la survie. Cela pourrait être le cas des larmes d'émotion, et expliquerait peut-être le caractère apparemment unique de ce trait dans le règne animal.

On peut aussi considérer que notre espèce avait plus besoin que d'autres d'un tel canal de sincérité pour bâtir des structures sociales plus vastes et plus complexes. Pleurer est peut-être devenu possible à cause d'une erreur de guidage d'une projection du tronc cérébral, mais la mutation génétique responsable a dû avoir un intérêt lorsque notre lignée moderne est apparue au sein d'un mélange de populations d'Afrique de l'Est, lorsque nous avons commencé à utiliser nos bras et nos cerveaux pour construire des maisons et, non sans mal, des communautés durables. Les larmes sont peut-être devenues nécessaires lorsque nous sommes devenus trop experts dans la manipulation des grimaces, des lamentations et autres mimiques faciales. Les bâtisseurs ont besoin de fondations solide. Les bâtisseurs sociaux ont besoin de fondations authentiques.

Le dernier Homme de Néandertal – un homme presque moderne qui enterrait avec soin ses morts – s'est éteint traqué, reclus dans des grottes près de la côte de Gibraltar, pourchassé par, comme le disait Eiseley « le premier archer, le grand artiste, les créatures terribles et insatiables qui partageaient son sang ». Il pleurait peut-être aux noces et aux naissances. Mais lorsque le dernier Néandertal, affamé, vit le dernier bébé tenter désespérément de téter les seins vides de sa mère, il sut qu'il n'y avait plus aucun espoir, plus d'avenir, plus rien à redouter. Plus de larmes non plus, comme dans le lit d'un cours d'eau asséché sous la lune énigmatique.

Chapitre 2

Première attaque

« Que va-t-il faire ? Rentrer à la maison, au palais royal,
Ou se cacher dans les forêts ? La honte empêche ceci, la peur cela.
Il hésite et ses chiens le voient. Les premiers, Mélampus
Et Ichnobates à l'odorat subtil, d'un aboiement donnent le signal.
Ichnobates est né à Gnose, Mélampus est de race spartiate.
Puis les autres accourent, plus vifs que brise rapide,
Pamphagos et Dorceus et Orisabos et Arcades, tous,
Et Néphrobon le puissant et Théron le sauvage, avec Lélaps
Et Ptérélas doué sur ses pattes et Agré doué avec son nez,
Et Hylée le féroce jadis blessé par un sanglier
Et, conçue par un loup, Napé et Pœménis
Qui suivait les troupeaux et Harpya avec ses deux petits
Et Ladon de Sycion, robe serrée aux flancs,
Et Dromas et Canaché et Sticté et Tigris et Alcé
Et Leucon aux poils de neige et Asbolus aux poils noirs
Et Lacon le costaud et le fort à la course Aéllo
Et Thous et Cyprio le vif et son frère Lycisse
Et, marqué de blanc au milieu du front noir,
Harpalos et Mélaneus et Lachné au corps hirsute
Et, nés d'un père du mont Dicté et d'une mère de Laconie,
Labros et Agriodos et Hylactor à la voix aïgue

– et ceux qu'il serait trop long de nommer. Tous désirant cette proie,
Le chassent, par grottes et rochers et coins inaccessibles,
Partout où c'est difficile, partout où il n'y a pas de route. »

Ovide, *Les Métamorphoses*, livre III, Actéon*

Il est des images qui se développent à partir de racines profondes. Voici celle d'un jeune père, avec sa petite fille de deux ans, à bord d'un 767 s'approchant des tours jumelles en flamme. Son cœur bat sourdement, il sait l'impossible évidence de ce qui l'attend mais la petite fille reste calme dans le chaos ambiant, puisque papa lui a dit qu'il n'y avait pas de monstres. Il a tourné la tête de sa fille vers la sienne et ils se regardent – ses yeux sont une lueur de chaleur dans un infini de glace – en un instant solennel de communion avant que tout ne s'arrête.

Une petite fille et son père, cherchant le réconfort dans l'autre alors que l'avion file vers la seconde tour ; cette image sans mot est devenue concrète et a envahi l'esprit fertile d'un homme nommé Alexandre, alors qu'il naviguait à travers les Cyclades. Accélérée, développée, cette scène imaginaire prit forme, colonisant toutes ses pensées, attirant insatiablement à elle tous les fluides de son âme.

*

Les règles fondamentales de la vie d'Alexandre avaient déjà été réécrites juste avant le 11 septembre, et il est possible que ce cerveau, en jachère pendant des décennies, était prêt à de grands changements lorsque le monde extérieur fut soudain bouleversé. En 2001, en cette fin d'été où les jours raccourcissent, les feuilles se teintent de pourpre et les matinées deviennent fraîches dans la baie de San Francisco, Alexandre descendait du 67e étage de la tour de la compagnie d'assurance où il avait été pendant des décennies un cadre apprécié, mais plus assez dynamique aux yeux des strates dirigeantes de la Silicon Valley. Sa vie se déroulerait à l'avenir chez lui et seulement chez lui, dans cette maison rustique qu'il

* Traduit du latin par Marie Cosnay (Librairie Générale Française, Le livre de poche, 2020).

avait construite vingt ans plus tôt avec sa femme, dans une petite vallée brumeuse et boisée de la côte Pacifique, assez grande pour leurs trois fils et peut-être des petits-enfants à venir. Il était très digne, légèrement voûté, profondément calme.

Je fis sa connaissance dans la salle d'urgence six semaines après le 11 septembre. Il n'y avait eu aucune alarme, aucun signe avant-coureur que sa famille aurait pu me décrire. Tout son monde venait d'exploser, non à cause du kérosène des avions mais par des accès de manies féroces, exubérantes et envahissantes qui ne ressemblaient à rien qu'il ait connu jusque-là. C'était la première attaque, ce moment où le lien à la réalité disparaît soudainement, emporté par une tempête de stress, fauché par un traumatisme, ou pour d'autres raisons que l'on ignore, et où l'être humain se retrouve totalement isolé du monde. La première attaque, celle où ceux qui souffrent de manie ou de schizophrénie deviennent coupés de tout et de tous, à leur propre péril, et propulsés dans le monde clos de la maladie.

En septembre, lorsque la vague de la tempête commença à gonfler, Alexandre semblait un paisible retraité, naviguant à travers l'Antiquité dans la mer Égée avec sa femme. De retour chez lui, deux mois plus tard, c'est un autre qui me fut amené par la police et ses proches dans la salle d'urgence psychiatrique. À première vue, l'hôpital n'avait pas commis d'erreur dans sa prise en charge. Je ne le connaissais pas et vis un homme d'apparence très nerveuse, assis sur son brancard, les jambes croisées, très absorbé dans la lecture de son journal.

J'avais face à moi une de ces énigmes protéiformes typiques de la psychiatrie. Qu'avait-il ? Que lui était-il arrivé ? Aucun examen d'imagerie cérébrale ne pouvait m'aider. Il existe des échelles de quantification des symptômes, mais elles ne font que transformer des mots en nombres. Ne nous reste donc que le langage. Des phrases pour tenter d'élaborer un récit.

Tout le monde parlait, Alexandre, sa famille dans la salle d'attente, la police dans le hall d'accueil. Tous avaient des discours différents, mais avaient en commun de chercher les bons mots. Quelqu'un qui n'a pas connu parmi ses proches les attaques maniaques se demande toujours ; pourquoi ? Pourquoi lui ? Il avait ressenti les attentats du 11 septembre, ce coup au cœur, tout aussi intensément que n'importe quel habitant de ce pays. Ni plus, ni moins. L'empathie qu'il avait pour les familles des disparus n'avait rien d'exceptionnelle. La mort est toujours stupéfiante. Son impensable est universel, mais les attaques maniaques ne le sont pas. Et pourtant Alexandre en avait été frappé, avec délais.

Durant la semaine qui suivit le 11 septembre, Alexandre était plutôt stoïque, écoutant les manifestations de douleur et de stupéfaction de son entourage. Il lisait l'histoire des victimes, mais commençait à se focaliser sur deux d'entre elles, un père et une fille, une configuration qui n'existait pas dans sa vie. Une scène était en train d'apparaître en lui, et de se faire de plus en plus détaillée. Il décrivait à sa famille leurs derniers instants, tandis que dans son cerveau, des reconnexions commençaient à s'opérer en secret. De manière pour nous toujours mystérieuse, de nouvelles synapses se formaient et d'anciennes connexions étaient éliminées. Les motifs d'activité électrique changeaient, les anciens étaient effacés et, durant une semaine, sa biologie apprenait en silence sa nouvelle langue qui allait s'exprimer à la fin du processus.

Les premières manifestations furent physiques. Il perdit le sommeil, vif et aux aguets presque 24 heures sur 24. De la bouche d'Alexandre, qui n'avait jamais été très bavard, sortait un violent torrent de mots entrechoqués, une logorrhée qui était, du moins au début, cohérente. Le contenu de son discours se mit ensuite à changer. Il devenait exalté, illuminé, charismatique. Son corps aussi se modifia. Comme enflammé par cette nouvelle jeunesse qui le tirait de sa retraite, il se mit à développer une hyperactivité sexuelle. Il était vorace, un être biologique affamé de tous ses sens. La vie lui semblait attirante, irrésistiblement attirante.

Vinrent ensuite projets et ambitions. Ils étaient nombreux et audacieux, toujours teinté d'un frisson de risque. Il s'acheta un nouveau pick-up, capable de tirer une grosse remorque. Il roulait toute la nuit, lisait des livres la journée, et étudiait l'art de la guerre, écrivant des pages sur le mouvement des troupes et le positionnement des réserves. Le thème du sacrifice de soi prit une place croissante dans ses propos. Il écrivit des lettres d'engagement dans la Marine et on le retrouva un soir descendant en rappel d'un très haut arbre, pour s'entraîner à la guerre. Il sortait d'une longue vie de chrysalide pour se transformer en un nouveau monarque*.

Sa transformation avait eu, au début, un certain charme, mais il s'égarait à présent dans des pensées sur le bien, le mal, la mort et la rédemption. Il avait jusque-là été un membre très peu actif d'une église luthérienne, et la religion n'occupait guère de place dans sa vie. Et voici qu'il parlait à Dieu, d'abord calmement, puis de plus en plus fort et pour finir en hurlant. Ses prières alternaient avec des sermons adressés aux autres, dans lesquels il se montrait irritable, alternant entre euphorie et crise de larmes.

La nuit précédant son hospitalisation, il était sorti de chez lui vers minuit avec son fusil de chasse, lançant des morceaux de bois sur ses fils qui tentaient de le ramener à la maison. Les policiers le retrouvèrent deux heures plus tard, caché dans un bosquet au fond d'un cour d'eau à sec, prêt à ouvrir le feu. Ils l'arrêtèrent et lui firent passer des examens médico-légaux. Toute l'énergie qu'il avait manifestée s'écoulait à présent en un flot ininterrompu de larmes.

Sa fureur s'était atténuée durant les premières heures à l'hôpital. La première fois que je le rencontrais, il n'avait plus qu'une unique répétition comportementale, comme un lion tournant en cage, sauf qu'il s'agissait d'une phrase qu'il répétait sans relâche : *je ne comprends vraiment pas*. Confiant dans sa réflexion et dans son rôle, il ne comprenait vraiment pas pourquoi sa famille ne suivait pas son exemple, tant ses actes lui paraissaient logiques et cohérents.

Cette fixation était comme chimiquement pure. La première attaque d'Alexandre se manifestait par une dissociation très nette, exempte des confusions qu'apportent par exemple la psychose ou les drogues. Il était disloqué. Excommunié.

Que pouvait-on faire pour ce nouveau combattant ? Des antagonistes de récepteur à la dopamine, peut-être ? Il ne voulait pas d'aide, ne voyait pas ce qu'il faisait là, et refusait le traitement. Dans le système clos de sa logique malade, tout était clair : une explosion était imminente. Il me décrivait l'image qui hantait son cerveau de la petite fille

* Le monarque est un papillon capable de migration de plusieurs milliers de kilomètres, très populaire en Amérique du Nord (NdT).

dans l'avion, dont le père tenait la tête pour fixer son regard jusqu'à l'inéluctable fin. Et j'hésitais.

Des images s'imposaient à moi, par d'intenses associations. L'abstraction unique de la psychiatrie, cette science avec verbe, cette médecine avec langage, me plongeait chaque jour dans un bain de mots et d'images, pour aller du récit à l'allégorie, même si ce chemin paraissait parfois futile, par un chemin croisant ceux de l'histoire, des neurosciences, de l'art et de ma propre vie. Le premier récit qui me vint à l'esprit, peut-être en pensant à Alexandre naviguant dans les îles grecques, fut celui d'Ovide sur le chasseur Actéon, fils d'un berger, transformé en cerf par la déesse Artemis furieuse d'avoir été surprise nue au bain. Actéon avait une nouvelle force, une nouvelle apparence, une nouvelle vitesse, des sabots aux pieds et une belle ramure, mais c'était trop tard, et hors de propos. Il était devenu une proie pour ses propres chiens, Mélampus, Ichnobates, Pamphagos et tous les autres, qui le taillèrent en pièce. Peut-être avais-je devant moi un Actéon, transformé par la divinité lunaire, la police et moi jouant le rôle des chiens, ceux de Gnose, de Sparte et d'Arcadie, comme le dit Ovide, toute une meute assoiffée de sang lancée dans une poursuite sans chemin tracé se riant des corniches et des falaises.

Pourtant… Contrairement à Actéon, qui n'avait rien gagné à être métamorphosé en cerf, Alexandre tirait un avantage, triste mais certain, de sa nouvelle apparence. Dans son sacrifice, il ressemblait peut-être plus à une Jeanne d'Arc, qui comme Alexandre était née bien loin du monde des armes, dans sa petite ferme lorraine où elle entendit ses voix. Sans vouloir poser un diagnostic sur un personnage historique – ce qui est toujours aussi tentant qu'imprudent pour un psychiatre –, je ne peux m'empêcher de penser que sa transformation lui valut, dans un premier temps, de profondes satisfactions. À l'âge de seulement dix-sept ans, alors que la France était largement aux mains des armées anglaises, elle apparut soudain, ferme et résolue, concentrée sur les questions de politique et de stratégie militaire. Rien à voir avec la désorganisation que l'on observe dans la schizophrénie. Elle s'adressa elle-même au Dauphin avec la ferme conviction qu'il se jouait quelque chose d'essentiel, emplie d'une ferveur religieuse qui teintait les batailles d'un esprit divin. Elle portait des bannières, non des épées, traversant des nuages de traits d'arbalète pour aller, au prix de son propre sang, vers le couronnement.

La transformation d'Alexandre avait elle aussi eu lieu dans le calme de la campagne d'un pays en péril – et c'est bien ce péril qui avait tout bouleversé – et semblait une réponse à cette crise. Certains détails étaient imparfaits et il n'était sans doute pas le bon vecteur mais pourtant : y avait-il quelqu'un de moins approprié qu'un rural de soixante-dix ans, sans aucune formation tactique ou politique. Lorsqu'elle fut capturée par les Anglais et brûlée sur le bûcher, Jeanne avait déjà sauvé son pays et gagné la guerre. Et nous, il nous fallait soigner Alexandre, cautériser sa maladie, chasser la part sombre de son esprit. Un rustre de psychiatre, avec des outils médiévaux, voilà ce que j'étais !

Et c'est à ce moment, alors que nous étions nous deux reliés par un fragile échange, perdu dans une atmosphère délétère de chair brûlée et de traînée dans le ciel d'avions détournés par des terroristes, qu'un fragile souvenir, une bribe de mon passé, revint à ma mémoire.

*

J'étais appuyé contre la barrière métallique délimitant le quai d'une station en plein air du métro de Boston. Il était presque minuit, par une fraîche nuit d'octobre. J'étais fatigué et irrité après une longue journée passée au laboratoire et une expérience ratée. Le quartier était presque désert, à l'exception de deux hommes discutant tranquillement à l'autre bout du quai : deux silhouettes, deux ombres, une grande et une petite. Pendant quelques minutes, je fermais les yeux en laissant ma tête s'incliner.

Lorsque j'ouvris les yeux pour voir si le métro arrivait, je vis une lame de vingt-cinq centimètres, aux reflets argentés et dorés, très pointue à son extrémité, faisant presque partie de moi tant elle appuyait sur mon torse. Je ne voyais que cette superbe lame, dans tous ses détails, et tout le reste était obscurci. J'étais comme aspiré, plus rien d'autre n'existait dans le monde, et j'avais une conscience très nette de tous les évènements et les étapes qui m'avaient amené là, et croyais comprendre que ce destin m'avait été soigneusement préparé. J'étais allé là où je devais être, et ressentis un bizarre sentiment de paix et de grâce.

Je donnais mon sac à dos, attendant passivement qu'il soit vidé par la grande ombre, tout en surveillant la lame que tenait la petite ombre. Douce miséricorde, lame de pitié qui accordait, ou non, la vie sauve après les grandes batailles médiévales d'Orléans ou d'Azincourt. L'acier scintillait dans la lumière surréelle du quai de métro, chaque cellule de mon corps battant au rythme de ces scintillements.

Tout le contenu de mon sac à dos était à terre – je savais qu'il n'y avait dedans que des revues de biologie du développement et 75 cents pour le ticket de métro – et les souvenirs de ce qui suivit sont fragmentés. Des cris de colère, des mouvements du couteau sans but bien précis, et soudain je quittai ma passivité. Je me dégageai d'un mouvement du bras, créant un étroit espace pour m'enfuir par la droite. Dans mon dernier souvenir conscient, je suis à des centaines de mètres plus loin, sans savoir où, courant seul dans la nuit étoilée.

S'ensuivit pour moi plusieurs semaines d'énergie débordant d'euphorie et de colère, une sensation de geyser sur le point de jaillir dans la poitrine. Cette sensation se dissipa au bout d'une à deux semaines, l'épisode se distillant dans le calme jusqu'à ce que, finalement… rien. Plus rien ne me restait de ce qui m'était arrivé. Une ondelette, une minuscule déviation, tout au plus, réelle mais si faible en moi, et que je ne pensais plus jamais revoir.

En examinant Alexandre, je me dis que son cerveau, contrairement au mien, devait avoir été préparé : un sol fertile longtemps en jachère n'attendant que la graine. Et pourtant il avait pu échapper le 11 septembre à l'accès maniaque. Cette dernière a un coût élevé, et son cerveau l'avait cantonnée au-dessus d'un seuil élevé, au-dessus d'un seuil où une menace vitale pèse sur sa communauté. Sa vie paisible avait pris fin avec l'effondrement des tours jumelles, et sa transition, une fois initiée, avait été rapide et efficace, comme une seconde puberté, le reconfigurant une dernière fois. Les hormones stéroïdes du stress circulaient à travers son cerveau comme les hormones juvéniles dans la chenille jusqu'au jour où elle quitte son état de petite créature paisible se tortillant perpétuellement. Les vieux neurones larvaires se suicident, l'involution commence, impitoyable, précise, méticuleuse. Cap sur la manie ! Du vent dans l'esprit ! Métamorphose !

Peut-être me manquait-il les gènes, le tempérament, le paysage mental pour suivre ce chemin ? Ou peut-être les circonstances de ce que j'avais vécu différaient-elles de celles d'Alexandre ? J'étais seul, l'agression était dirigée contre moi et non contre ma communauté. J'avais pu courir, ayant besoin de juste deux minutes de très haute adrénaline pour me mettre à l'abri du danger, en une illustration parfaite du choix entre fuir et affronter qui caractérise le stress. Une évolution comportementale durable, s'étalant sur des semaines ou des mois, n'aurait eu aucun sens. La manie, du moins dans les cas comme celui d'Alexandre, où les symptômes et la menace coïncident, aurait davantage ressemblé à une colère sociale durable qui, d'une certaine manière, pouvait contribuer à la défense de la communauté par de nouvelles activités, mais seulement si une telle nouvelle manière d'être était requise. Ces états d'excitation sont capables de fournir l'énergie nécessaire à de grandes choses (bâtir des ouvrages défensifs aux premières rumeurs de guerre, conduire un peuple assoiffé à travers le désert pendant des semaines jusqu'à une source, rentrer toutes les récoltes avant que n'arrive le terrible nuage de sauterelle) décidées dans l'urgence. Ces activités passent pour positives, ces sentiments de récompense bouleversant temporairement l'ordre des priorités pour adapter à la crise le système de valeurs internes de la personne.

Mais dans notre monde, la manie passe pour dangereuse, douloureuse pour le patient et coûteuse pour la communauté. Si elle peut apparaître parfois comme une réponse appropriée, c'est une exception et non une règle. Coincé par les conventions sociales et les usages de nos sociétés modernes, le monarque en devenir est enfermé, ses nouvelles ailes se brisant contre les barreaux sociaux.

En parlant avec Alexandre, je sentais la pièce se charger de cette énergie piégée. Dans son irritation et son agitation, Alexandre transférait sans le savoir dans mon esprit des scènes de son imaginaire qui avaient leur racine dans celle du père et de la fille dans l'avion lancé contre les tours. Silencieusement, des images de plus en plus détaillées se formaient en moi. Je les laissais se développer. L'une d'elle mettait en scène Alexandre rentrant chez lui après son expédition nocturne d'octobre et trouvant sur son tapis un chien castré, son ventre saignant à vif, respirant péniblement, tandis qu'une vieille chaîne Hi-Fi crachait du Pachelbel. Le chien était l'Alexandre des trente dernières années : faible, stérile, désynchronisé. Le besoin de se lever et de se battre – d'agir – ne pouvait que surgir.

La femme d'Alexandre lui proposa une randonnée le long d'un estuaire côtier, parmi les calmes et élégants hérons, mais Alexandre pensait à de tout autres oiseaux, plus cruels et plus terribles, les drones Predator survolant Mazâr-e Charîf. S'il avait été appelé à servir à Kandahar, à partir à nouveau de Macédoine conquérir l'Orient*, il aurait été pris dans un tourbillon de rage. Mais c'est sa libido qui était en ébullition. Tous ses conduits se seraient remplis de fluides, de tous les fluides, le muscle lisse qui les entourent tendu par cette pression. La décharge était inévitable, violente, comme s'échappant d'un réacteur.

*

Il n'y avait aucune manière d'empêcher la naissance de ce nouvel être, pas plus que d'empêcher la naissance d'un bébé, et l'accès maniaque peut durer des semaines et plus encore. Mais on sait, à l'hôpital, ralentir ou stopper l'accouchement à certaines étapes. Lorsque Alexandre demanda à quitter le service, sa famille fut paniquée et me supplia de trouver une solution. Il fut placé sous tutelle, soit une suspension temporaire de sa liberté et de ses droits civils. Il fut traité avec de l'olanzapine, une substance modulant l'action de la dopamine et de la sérotonine, ce ui revenait à le ligoter au mât pour l'empêcher de se laisser attirer par le chant des sirènes de la manie. En une semaine il était, selon le terme du jargon psychiatrique, stabilisé.

Ce n'était pourtant pas très satisfaisant. Qu'il soit stabilisé n'était pas une guérison. L'équipe médicale parlait souvent de son cas, et des discussions se développèrent dans la salle de garde sur la signification des accès maniaques et sur l'éthique de leur soin.

Il ne faut pas avoir une vision romantique des accès maniaques. Ni une vision triviale. Aussi intéressant soient-ils, et aussi euphoriques que le patient paraisse, avec cette certitude contagieuse que tout est possible, ils sont toujours destructeurs. Chez les personnes vulnérables, les plus disposées aux troubles bipolaires, ils ne sont pas déclenchés par une menace, et semblent ne servir absolument à rien. Imprévisibles,

* L'auteur fait ici allusion à l'expédition d'Alexandre le Grand, roi de Macédoine, qui conduisit ses armées jusqu'en Inde, via l'Afghanistan (NdT).

ils sont souvent accompagnés de psychose, d'un effondrement de la pensée, et de violentes pulsions suicidaires conduisant parfois à la mort.

S'il n'y a donc aucune raison de voir positivement les accès maniaques, il faut reconnaître qu'ils s'accompagnent d'états psychologiques extrêmement dynamiques, que l'on trouve dans toutes les cultures et dans tous les continents mais qui prennent des formes variables. Évoquons l'amok malaisien, marqué, après une longue incubation, par un pic d'activité accompagné d'idées de persécution. Ou encore les bouffées délirantes d'Afrique de l'Ouest et d'Haïti, avec leurs accès soudains d'agitation, d'excitation et de paranoïa. On peut les voir comme des échantillons d'une structure plus vaste et plus complexe, rassemblant différentes altérations du comportement. Chaque culture a en quelque sorte choisi son propre échantillon, qui fournit un certain point de vue de l'ensemble.

L'évolution humaine n'a clairement pas convergé vers une forme unique, ou optimale, d'accélération de l'humeur, s'il en est une, et de multiples gènes sont liés aux troubles bipolaires. Nos génomes disent l'histoire de luttes passées de notre espèce. Bien des domaines de la médecine moderne, indépendamment de la psychiatrie, se demandent pourquoi certaines maladies génétiques sont si communes. Parfois, on connaît une réponse. La persistance de l'anémie falciforme, une pathologie des globules rouges, s'explique par notre longue coexistence avec le parasite *Plasmodium malariae*, qui a conduit nos cellules sanguines et notre système immunitaire à s'y adapter.

L'anémie falciforme, et plus généralement les thalassémies (une étymologie classique qui renvoie à leur fréquence autour de la Méditerranée), affectent de nombreuses personnes aujourd'hui, qui ont en commun des origines lointaines autour de l'équateur, où sévit *Plasmodium* et le moustique qui lui sert de vecteur. La maladie se manifeste par des mutations de l'hémoglobine, la protéine de nos globules rouges qui apporte l'oxygène aux mitochondries, partenaires symbiotiques de nos cellules qui ont été autrefois des microbes envahisseurs, comme l'est *Plasmodium*. Ce dernier vit, lorsqu'il y parvient, dans les globules rouges. Les mutations de l'hémoglobine qui l'en empêchent protègent ainsi contre la malaria en freinant la dispersion de *Plasmodium* dans le sang. Ces mutations s'accompagnent cependant aussi d'une déformation fréquente des globules, à l'origine des symptômes de la maladie : douleur, infection et attaques cardiaques.

Comme dans la fibrose kystique, les porteurs humains qui n'ont qu'un seul gène muté ne présentent en général aucun symptôme. Il faut que les deux copies du gène soient affectées pour que la maladie se déclare. Mais contrairement à ce qui se produit dans la fibrose kystique (du moins dans notre compréhension actuelle de la maladie), les porteurs sains de l'anémie falciforme ont un net avantage sélectif : leur résistance à la malaria. Ceux qui ont deux copies du gène muté payent le prix, élevé, de cette mutation qui ne profite qu'à ceux qui n'en ont qu'une copie, sorte de piratage évolutif tentant un assaut dans la longue lutte de la sélection naturelle.

La leçon à retenir de l'anémie falciforme est qu'une maladie, et ses malades, ne prennent sens que dans le contexte plus général de l'évolution de la lignée humaine. Même si cette perspective n'est pas toujours facile à adopter, elle offre des explications, ce qui permet de sortir les malades du mysticisme et de la culpabilité. La psychiatrie, cependant, ne peut compter sur cette approche. Bien qu'elles aient des conséquences bien plus importantes dans le monde, en termes de mortalité, de handicap ou de souffrance, que n'importe quel autre type de maladies, les maladies mentales restent pour l'essentiel impossibles à expliquer.

Les neurosciences ont cependant permis des avancées décisives. Pour la première fois, des explications scientifiques de ce que sont ces maladies semblent à notre portée. Comme avec l'anémie falciforme, comme plus généralement avec la santé humaine, leur prévalence doit être abordée d'un point de vue évolutif. Comme l'écrivait Theodosius Dobzhansky en 1973, rien n'a de sens en biologie, si ce n'est à la lumière de l'évolution.

Réfléchir en termes de survie préférentielle et d'avantages reproductifs peut être trompeur si les questions posées sont naïves ou incomplètes. Le mal que font les maladies psychiatriques aux patients est par exemple évident ; qui tirera un avantage évolutif, s'il existe, de la persistance des traits génétiques qui les causent ? Dans le cas de l'anémie falciforme, ceux qui tirent bénéfice du trait génétique ne sont pas les mêmes que ceux qui en pâtissent. En est-il de même avec les maladies psychiatriques ? Apportent-elles un avantage aux proches parents de ceux qui en souffrent ? Ou se pourrait-il qu'elles apportent un bénéfice direct aux malades, mais seulement dans certaines circonstances bien précises ?

Reconnaissons que nous sommes incapables de répondre à ces questions. L'évolution est lente, dans un monde où les changements culturels sont rapides, et la société est loin d'avoir atteint un état stable. Il s'en suit qu'il est peu probable que nous soyons parfaitement adaptés à notre environnement. Ce qui n'a aucune importance évolutive disparaît vite, ne laissant que des traces fragiles, comme des marques sur le sable d'une plage balayée par les vagues des générations successives. Dans la lignée des mammifères, les gènes du jaune d'œuf ont disparu (même si on en trouve encore quelques vestiges dans nos génomes), dès que ceux du lait sont apparus. Les poissons et les salamandres cavernicoles, qui vivent depuis longtemps dans des profondeurs terrestres ignorant la lumière, n'ont plus d'yeux, et la peau recouvre les cavités oculaires de leur crâne.

Pour comprendre cette curiosité de son anatomie, une salamandre cavernicole devrait avoir la connaissance de quelque chose qui la dépasse assurément : le monde lumineux dans lequel vivait ses ancêtres, qui explique les deux trous percés dans son crâne, indispensables pour le passage de l'information visuelle dans l'ancien monde, mais vulnérabilité dans son monde. De même, certains abysses de nos sentiments, certaines de nos failles, pourraient se comprendre mieux dans la perspective de cette longue marche vers notre forme actuelle, mais être à peu près inexplicables dans notre seul contexte présent. Il faut rester prudent : nous manquons de données, notre imagination est subjective et notre perspective limitée et biaisée. Il est aujourd'hui impossible d'arriver à des conclusions définitives sur le rôle de l'évolution dans la maladie mentale. La seule certitude est que notre réflexion doit intégrer ce que nous savons des origines humaines et de l'évolution, ainsi que tout ce que la biologie nous apprend des conflits et des compromis évolutifs depuis tant de générations. Un chasseur-cueilleur, tel que nous l'étions il y a cent mille ans, n'avait peut-être aucun intérêt à ressentir l'extrême intensité des épisodes maniaques. Tout ce qui lui importait était de savoir fuir et se mettre à l'abri des menaces, avant de passer à autre chose. Mais de l'instant où nous nous sommes mis à bâtir des maisons, des fermes, des villages, des familles, des cultures, il a pu devenir utile de faire face aux menaces par ces états surexcités de l'être humain, même s'ils sont peu durables.

Les neurosciences comprennent toujours mal les troubles bipolaires, qui constituent un spectre de syndromes qui ont tous en commun de présenter un stade maniaque. Ce dernier varie lui-même en intensité, depuis une légère hypomanie (une excitation de l'humeur durable, qui ne nécessite aucune hospitalisation) jusqu'à des accès maniaques récurrents et sans cause, dont la sévérité s'accroît à chaque épisode pour atteindre une psychose avec rupture avec la réalité, voire une démence si aucun traitement n'est entrepris.

Les neuroscientifiques qui se sont intéressés à cette question ont étudié certaines cellules du cerveau liées aux principaux symptômes. Les neurones dopaminergiques, connus pour leur rôle dans la motivation et la récompense, ont suscité beaucoup d'intérêt, car ces deux phénomènes sont clairement affectés dans les accès maniaques. Un exemple frappant est l'importance de ce que nous appelons « les comportements orientés vers un but », comme typiquement ceux d'Alexandre, multipliant les projets, les plans et les investissements. Les circuits impliqués dans les rythmes circadiens ont aussi été étudiés, car un des traits frappants des manies – très présent chez Alexandre et qui entre dans le diagnostic – est la forte diminution du besoin de sommeil. Ce symptôme est particulièrement intéressant car la manie ne cause pas en soi une dégradation de la qualité du sommeil, pas plus qu'elle ne provoque les léthargies et somnolences dont souffrent les insomniaques. Durant les épisodes maniaques, les patients ont réellement un moindre *besoin* de sommeil – comme l'a vécu Alexandre –, le cerveau et le corps restant hyperactif pendant de longues périodes sans éprouver le besoin de repos.

Ces circuits dopaminergiques et circadiens cacheraient-ils les secrets du mystère qu'est la manie ? En 2015, l'optogénétique a permis de relier ces deux circuits. Des souris présentant une mutation du gène *Clock* impliqué dans les rythmes circadiens se sont avérés avoir des comportements que l'on peut rapprocher de ceux de la manie, sous la forme de phases prolongées d'extrême activité motrice. Ces phases coïncidaient avec celles de forte activité des neurones dopaminergiques. Cette dernière était-elle la cause de l'hyperactivité ? Grâce à l'optogénétique, cette équipe de chercheurs a montré que l'accroissement de l'activité des neurones dopaminergiques pouvait induire les comportements semblables à ceux de la manie. À l'inverse, supprimer leur activité entraînait la disparition de ce comportement chez les souris *Clock*. Même si nous sommes loin de bien comprendre la manie, l'optogénétique a permis d'unifier deux de ses explications possibles. Pour approfondir notre compréhension, il faut prendre en compte le fait que les neurones dopaminergiques ne forment pas un bloc homogène. Il en existe de nombreux sous-types, que l'on peut distinguer très tôt dans le développement. De futurs travaux devront donc cibler les sous-populations impliquées dans les troubles maniaques, en particulier les neurones dopaminergiques qui envoient des projections vers les régions impliquées dans l'élaboration des actions.

Que sait-on d'autre des traits génétiques de la manie chez l'homme ? Les troupes bipolaires ont une certaine héritabilité. On les retrouve avec constance dans certaines familles, mais il n'existe presque pas de gène capable, à lui seul, de causer le trouble. Des dizaines de gènes sont impliqués, apportant chacun une petite contribution, comme dans le déterminisme génétique de la taille. Certains d'entre eux sont retrouvés avec constance chez les patients atteints de troubles bipolaires de type 1, qui présentent à la fois des accès maniaques sévères et spontanés et une des plus fortes héritabilités parmi les maladies psychiatriques. ANK_3 est un de ces gènes. Il est responsable de la production d'une protéine appelée ankyrine 3 (également connue sous le nom de ankyrine G), impliquée dans l'assemblage de l'infrastructure électrique du segment initial de l'axone, c'est-à-dire des tous premiers segments de ces câbles intracérébraux à longue distance.

Les mutations qui contribuent à déclencher des troubles bipolaires chez certaines personnes entraînent une production insuffisante d'ankyrine 3. En 2017, des chercheurs ont créé une lignée de souris knock-out pour le gène d'ankyrin 3, c'est-à-dire où ce dernier a été inactivé. Ces souris présentaient une désorganisation de leurs segments axonaux initiaux particulièrement intéressante. Les synapses inhibitrices, qui sont habituellement concentrées sur ce segment et fonctionnent comme une sorte d'amortisseur empêchant l'hyperexcitation, avaient disparu. Ces souris présentaient des comportements rappelant ceux de la manie, en particulier une activité physique accrue, tant en termes de locomotion générale que de comportements orientés vers un but. Ces comportements étaient bloqués par l'administration de médicaments comme le lithium, très efficace chez les patients atteints de troubles bipolaires.

Aussi intéressant que soit ANK_3 pour les psychiatres et les neuroscientifiques, les mutations de ce gène ne peuvent à elles seules expliquer toutes les manies chez l'homme. Nous ne savons pas davantage expliquer pourquoi les manies sont associées aux dépressions dans une alternance bipolaire. Les épisodes maniaques finissent souvent en profondes dépressions, et de nombreux patients passent d'une phase à l'autre, sans que l'on comprenne pourquoi. Existe-t-il une sorte de ressource cérébrale que les épisodes maniaques consomment, et dont l'épuisement provoquerait le passage dans la dépression ? Ou les mécanismes responsables de mettre fin à la manie, une fois que la menace est passée, surréagissent-ils ? Ce système semble en tout cas bien imprécis, ce que notre espèce prise dans son ensemble peut tolérer, mais dont certains souffrent durement.

*

Les civilisations évoluent bien plus vite que la biologie. L'influence et le pouvoir de certains individus rendent manies et hypomanies plus dangereuses. Il est certain que certains personnages historiques ont fait face aux circonstances dramatiques de leur temps – Alexandre en était lui aussi persuadé – par un accès d'énergie, d'optimisme et de charisme qui, d'un certain point de vue, représente ce que l'humanité peut produire de meilleur. Mais un désastre était souvent au bout de l'aventure, pour tous ceux qui, comme Alexandre, n'étaient nés ni au bon endroit ni au bon moment pour que leur métamorphose personnelle joue un rôle historique.

Comme lorsque l'on quitte le pays d'Oz, inventé par l'écrivain Lyman Franck Baum, on sort du monde à part de l'hôpital avec un cadeau sous une forme ou une autre. Des services de chirurgie, certains repartent même avec un nouveau cœur. Comme nous aimons à en plaisanter, les patients de psychiatrie sont des Dorothées* qui rentrent chez elles. Alexandre n'avait pas d'autres issues possibles : suivre son traitement,

* Allusion à Dorothy Gale, une petite fille qui est le personnage principal du roman *Le magicien d'Oz* de Baum (NdT).

revenir à la norme, rejoindre les siens. Tous ceux qui l'aimaient ne souhaitaient rien d'autre pour lui.

Un an après, l'épouse d'Alexandre le décrivait comme « mieux que jamais ». L'ombre de sa maladie était une ténèbre brillant dans la lumière que la lumière n'a point comprise, comme dans l'Ulysse de Joyce*. Bien que ne souffrant plus de manie, il restait attaché à cet état très particulier dans lequel il avait été, et se refusait à condamner les actions commises alors. Il ne comprenait toujours pas pourquoi ses proches et l'équipe médicale avaient agi comme ils l'avaient fait. Cela le rendait quelque peu morose. Mais nous lui avions permis de vivre à nouveau avec son épouse, de passer une retraite paisible et d'aller à la pèche dans les marais.

* Allusion à un passage de Ulysse évoquant « Averroès et Moïse Maimonide, hommes sombres par la mine et le geste, faisant à leurs miroirs moqueurs flamboyer l'âme obscure du monde, ténèbre brillant dans la lumière et que la lumière n'a point comprise » (NdT).

Chapitre 3

Capacité de charge (mentale)

> « Chaque voix est comme un dialecte. Chacun, par ses intonations, son vocabulaire et ses accentuations crée sa langue qui est un défi à la langue impériale, celle d'Ozymandias, des bibliothèques et des dictionnaires, des tribunaux et des critiques, des églises, des universités, du dogme politique, la diction des institutions ».
>
> Derek Walcott, *The Antilles. Fragments of Epic Memory : the Nobel Lecture*[*]

« À Paris, j'ai fait un tératome, dit Aynur. Cela a commencé dans un ovaire. Puis cela a bourgeonné. La tumeur que les médecins français m'ont retiré du ventre était un mélange de dents, de neurones et de cheveux. Après l'opération, j'avais du mal à marcher, à me pencher ou à rester assise. Je vivais seule, et je devais tout faire très lentement.

J'étais dans cet état lorsque j'ai reçu une lettre bizarre de ma mère. Elle contenait douze photos de la ville de mon enfance, sans aucune explication. Je me souviens avoir lentement traversé mon appartement pour les disposer soigneusement sur la table de mon petit déjeuner.

Cela me faisait du bien, de sentir la chaleur du pays. C'était comme si ma mère était là, physiquement, qu'elle me touchait, que je sentais

---

* Farrar, Straus and Giroux, 1993.

son haleine à travers l'Asie et l'Europe. Les photos montraient des rues familières, avec leurs grands bâtiments bordant les routes, leurs fenêtres arrondies aux balcons en fer forgé où des gens faisaient signe, se détachant du ciel gris d'automne, comme des gouttelettes de colorant.

Vous ne voyez jamais un tel spectacle et de telles couleurs à Palo Alto. Des rouges éclatants, de superbes indigos, des jaunes brillant comme l'or, et tous les pigments de la nature, du noir du brou de noix au pourpre un peu duveteux des tamaris. Toutes ces couleurs étaient sur leurs habits de soie, de cette soie que nous appelons en ouïghour *atlas*, ce qui signifie pleine de grâce. Elle est douce et résistante. On l'utilise pour les costumes de femme, les rubans et aussi les tentures murales. Si le monde doit connaître quelque chose de nous, ce devrait être nos soieries. Nos tenues de travail et nos habits de tous les jours, fabriqués en masse dans notre capitale de Ürümqi, sont tout aussi colorés. C'est typique de notre culture. Nous avons vraiment le goût des couleurs éclatantes.

Mais il y avait un problème. Le plus je regardais les photos, et plus je me disais qu'elles avaient quelque chose de bizarre. Il n'y avait aucune explication de ma mère, aucun commentaire des photos, juste quelques mots répondant assez succinctement à ma précédente lettre.

Je lui avais envoyé un courrier électronique décrivant en détail mes études ici. Je n'avais eu aucune nouvelle de mon mari depuis deux semaines. Je lui avais demandé si je pouvais rentrer au pays. Je lisais et relisais ses quelques mots de réponse : « Tu ne devrais pas venir. Il fait trop chaud ici et tu n'y es plus habituée. Tu es depuis si longtemps en France. Tu devrais y rester ». Mais, dans la réalité, c'est la France qui souffrait de vagues de canicules, et je m'en étais plaint à ma mère. Cet été, Paris avait battu des records de chaleur. Et puis je pouvais voir, sur les photos qu'elle m'avait envoyées, des enfants avec leurs manteaux d'automne.

Au bout de quelques minutes, je remarquai autre chose : il n'y avait aucun jeune homme dans les rues. Que des enfants, des femmes, et des scooters. Tous les hommes de l'âge de mon mari avaient disparu. De toutes les photos.

Je me souviens m'être levé précipitamment pour me ruer vers le café internet le plus proche. J'ai failli tomber dans l'étroit escalier. En arrivant dans la rue pluvieuse, je ressentis une très vive douleur à la cicatrice de mon opération chirurgicale. Je ne pouvais plus marcher. Je ne pouvais même plus faire demi-tour et rentrer chez moi.

C'est dans cette rue de Paris que je compris à quel point j'étais profondément blessée. Il faisait sombre et humide. Ma famille était en danger et j'étais seule. Et c'est là que je compris que, si je ne pouvais pas marcher, je pouvais courir ».

*

Aynur était presque exubérante, arborant un large sourire qui contrastait avec le caractère dramatique de son récit. Intérieurement, je me demandais quel phénomène naturel à l'œuvre dans le cerveau pouvait gouverner la conscience de souffrir. Dans le même temps, comme en parallèle, j'étais très impressionné par son récit, qui m'emportait comme un torrent dévalant de la montagne.

La conscience de quoi que ce soit, y compris de nos propres sentiments, n'obéit pas à une logique de tout ou rien. Il n'y a pas d'interrupteur de la conscience. La conscience, même celle de la souffrance, semble émerger petit à petit, le long d'une curieuse trajectoire reliant un moment à l'autre comme un arc électrique.

Tout sentiment est intimement lié – peut-être même identique – à un pic d'activité cérébral. L'échelle de temps de ce dernier est la centaine de millisecondes. Mais d'un autre point de vue le million d'années. Les sentiments, comme les êtres, voyagent à travers le temps.

La subjectivité humaine – ce que nous ressentons avec notre esprit conscient – n'existe aujourd'hui que dans la mesure où ces sentiments étaient à l'origine d'actions indispensables à notre survie dans un lointain passé. Pour Aynur et moi, originaires de points opposés de la planète, les sentiments que nous avions en partage étaient d'une grande importance, tout comme importait la manière dont ils étaient ressentis il y a des millénaires. Ce lien me semblait un legs, un héritage de nos très lointains ancêtres, qui avait traversé les années pour nous aider à vivre notre présent. Il nous permettait d'entendre tous ceux qui avaient à s'exprimer en nous, en voyant dans les sentiments non des informations qu'injecterait le monde extérieur dans nos cerveaux, mais plutôt des connexions entre humains ayant en partage la très longue, et restant largement à écrire, histoire de l'humanité.

À l'autre extrémité des échelles de temps de la biologie, et c'est bien ce dont Aynur avait fait l'expérience avec le réveil soudain de sa douleur abdominale, notre expérience intime, notre part animale, se vit à l'échelle de fractions de secondes. Chaque évènement de la conscience a sa propre dynamique, son surgissement comme son atténuation étant indépendants du stimulus déclencheur.

La conscience est lente, cent fois plus lente que les signaux électriques qui parcourent le cerveau. Elle compte en centaines de millisecondes, et non en millisecondes. Lorsque le monde extérieur nous envoie une nouvelle simulation – une piqûre, un bruit inattendu, un éclair de lumière, il s'écoule un quart de seconde avant que nous le ressentions consciemment. Ce n'est pas le cas des réflexes, car les processus inconscients sont beaucoup plus rapides.

L'expérience subjective individuelle, en d'autres termes la conscience, représente bien plus, du point de vue de l'évolution et de la neurobiologie, qu'un afflux massif de données en provenance du monde extérieur. Les flots montants de l'océan sensoriel pénètrent en profondeur, mais aussi « s'amoncellent à force », comme Gerard Manley Hopkins l'a écrit du divin*, dans les canaux et marais intérieurs du cerveau, avant de montrer toute leur puissance.

Les neuroscientifiques ont découvert ce processus vraiment étrange de la conscience des mammifères grâce à de nombreuses expériences, dont la plupart reposait sur des enregistrements directs de l'activité électrique cérébrale. Deux à trois centaines de millisecondes s'écoulent avant qu'une réponse puisse être enregistrée dans notre cortex, ce fin

* L'auteur fait ici allusion aux vers :

« L'univers est chargé de la grandeur de Dieu.
Elle doit jaillir tels les feux d'une feuille d'or qu'on froisse.
Elle s'amoncelle à force comme l'huile comprimée
Gicle. Pourquoi donc les hommes font-ils fi de son fouet ? »

(Gérard Manley Hopkins, *Grandeur de Dieu et autres poèmes*, traduits par Jean Mambrino, éditions Nous, 2014.)

manteau de cellules très interconnectées qui enveloppe notre cerveau, à la suite d'un bruit ou d'un éclat lumineux inattendu le stimulant.

Un tel délai semble une éternité pour un neurophysiologiste de mon espèce, habitué au passage de l'influx nerveux en deux à trois millisecondes le long des axones et entre synapses. Mais il est également surprenant pour des gens qui, sans être neuroscientifiques, ont déjà observé un chat capturer une proie, deux boxeurs sur un ring, ou même deux personnes menant une conversation animée, toutes activités qui se déroulent à une vitesse bien plus élevée. Un boxeur bien entraîné semble esquiver le coup de son adversaire avant même que l'on ait pu consciemment prédire sa trajectoire. Plus généralement, les interactions sociales humaines semblent tout bonnement impossibles à cette échelle de temps. Qu'est-ce qu'il serait pénible, et contraire à toutes nos envies, de devoir attendre près d'un quart de seconde avant de répondre à toute nouvelle phrase, et même plus si l'on prend en compte le temps d'y réfléchir.

Le langage est loin d'être le seul élément de ces flux permanents d'informations que nous apporte la vie sociale. Que dire par exemple de ce que nous voyons du regard, des gestes des mains ? Des subtils mouvements des lèvres, de la posture du corps ? La prise en compte de tous ces stimuli visuels est indispensable pour générer une réponse appropriée. Ces différents flux d'information ont besoin les uns des autres, exactement comme les êtres humains. Et que dire des groupes sociaux plus complexes encore, d'une équipe sportive ou d'une place publique ? Les groupes humains fourmillent de désirs contrariés, de mensonges polis ou malveillants, et de réajustements permanents car tous ces flux d'informations simultanés interagissent entre eux pour générer un sens qui doit être constamment réinterprété.

Mais des pensées plus profondes peuvent prendre beaucoup plus de temps à émerger. L'information nécessaire est là, comme une chenille étroitement enserrée dans son cocon. Et un jour, elle le brise, et survient la métamorphose. Et une nouvelle conscience.

*

« Cela a duré trois mois de plus, me dit Aynur, trois mois durant lesquels je n'eus aucune nouvelle de mon mari. J'avais très peur. Mes parents aussi, mais ils étaient très prudents. Même lorsque je parvins à les joindre par internet, ils ne dirent rien. Je n'ai même pas réussi à savoir s'il était toujours vivant. Même s'ils savaient quelque chose, ils ne disaient rien. Je ne pouvais rien leur demander à propos des photos. Je ne savais pas s'il était interdit d'en envoyer, ni si quelqu'un pouvait nous écouter. Mais il aurait été plus étrange encore de ne rien demander. « Nous ne savons pas » me répondaient toujours mes parents à chacune de mes tentatives. Et c'était tout.

Je baignais dans l'inconnu. Au bout de deux mois, je perdis le sommeil. Je ne savais rien, mais j'étais surtout impuissante. Je ne pouvais rien faire pour des êtres aimés. J'étais paralysée, dévorée de l'intérieur, c'est vraiment la seule expression qui me vienne. Tout était le contraire de votre vie, dont vous contrôlez tout.

Une idée s'insinuait en moi, me rongeait le foie, me vidait de l'intérieur. Je ne savais plus rien, je n'avais plus aucune énergie. Rien à faire et rien à dire. C'est alors que j'ai commencé à penser au suicide.

L'idée me vint lentement, étape par étape. Au début, je me suis dit qu'il vaudrait mieux affronter une peur réelle, un authentique persécuteur, même me condamnant à mort. C'eut été tellement plus facile. Nuit après nuit, dans mon sommeil éveillé, j'ai commencé à rêver de cette mort. Cela a duré l'automne puis l'hiver. C'est alors que je me suis dit que je voulais reprendre le contrôle de cette mort, en fixer moi-même le jour, l'heure et la manière, ce que personne ne pourrait m'enlever.

Je ne me sentais pas déprimée. La dépression n'était pour moi qu'un mot que l'on associe au suicide, surtout vous, les psychiatres occidentaux. Pourquoi pas ? Appelez cela dépression si vous voulez. Bien sûr que je n'étais pas heureuse. Mais je vais vous expliquer une autre manière de voir les choses.

Dans les champs de coton du Xinjiang, mon pays natal, notre Far West à nous, les cultivateurs avaient des problèmes avec les pucerons. Les étudiants qui s'intéressaient à la biologie, dont j'étais, avaient entendu parler des guêpes prédatrices que le gouvernement avait introduites pour lutter contre les pucerons. Beaucoup de jeunes Ouïghours passionnés de biologie allaient dans les champs et le parti voyait là un excellent moyen d'occuper la jeunesse tout en prévenant la radicalisation islamiste.

Ce type de lutte biologique repose sur la spécificité de ces guêpes, dont les femelles ne pondent leurs œufs que dans les pucerons d'une certaine espèce. Elles ont pour cela ce que l'on appelle un ovipositeur, une sorte de dard qui peut parfois aussi injecter un venin mais sert aussi à déposer les œufs dans un endroit très précis. Une fois éclos, ils donnent des larves, qui vont se nourrir du corps du puceron, mais sans jamais atteindre ses organes vitaux.

Puis la jeune guêpe sort du ventre du puceron, mais en le laissant toujours vivant. Il reste capable de mouvements, en particulier pour défendre en cas de danger son parasite, son assassin encore fragile. Ce n'est que lorsque la guêpe prend son envol que le puceron meurt enfin.

La question que je me pose est la suivante : si le puceron avait conscience de ce qui l'attend, ne choisirait-il pas de mourir ? Bien sûr qu'il le ferait. Et si le puceron avait, comme l'homme, conscience du caractère horrible de ce qui l'attendait jusqu'à sa mort, parleriez-vous de dépression ? Vous en seriez bien capable. Pourtant, il n'y a dans cette situation aucun espoir, aucune perspective, aucun traitement, même en supposant que l'on sache changer les émotions ressenties.

Enfin peu importe. Ce ne sont là que des mots. Je voulais mourir. J'avais organisé ma mort. Voilà ce qui comptait ».

*

C'est à ce moment que je compris que cette rencontre impliquait pour moi une responsabilité. Écouter son histoire était aussi un privilège, que je n'avais pas mérité. Le destin avait voulu que de multiples fils – historiques, médicaux, émotionnels – s'entremêlent à ce moment dans mon cabinet médical, et il n'était pas question pour moi d'abréger ce rendez-vous. Je la laissais raconter son histoire en détail, les images de sa vie se former en moi, et son expérience se relier à ce que je savais de la science et de la médecine.

Dès notre rencontre, Aynur s'était montrée très à l'aise. Elle avait l'air heureuse de raconter l'histoire de sa vie, comme si j'étais un vieux copain d'école. Cette manière de se comporter doit en général alerter le psychiatre, mais, après y avoir bien réfléchi, je ne voyais rien d'inquiétant ni en elle, ni en moi, ni dans notre relation. Je n'identifiais aucune répétition. Je ne correspondais à aucune figure qu'elle aurait pu rencontrer de par le passé – un enseignant estimé, un frère plus âgé ou un médecin local – pas plus qu'elle ne m'évoquait des personnes ayant joué un rôle dans ma vie. Ces répétitions, qui voient le patient, le psychiatre ou les deux, rejouer des rôles antérieurs sont très fréquentes en psychiatrie, et posent le plus souvent problème.

Aynur ne souffrait ni de troubles de la personnalité, ni d'altération de l'humeur. Rien n'évoquait en elle une personnalité limite (borderline) ou hystérique, ni même l'hypomanie. Aynur ne faisait que raconter sa vie, dans le cadre d'une relation amicale et naturelle, dans un langage riche et plein d'anecdotes, et de surcroît dans une langue qu'elle ne maîtrisait pas parfaitement dans un pays où elle était arrivée moins d'un an plus tôt.

Aynur me semblait l'archétype de cette sophistication sociale que notre lignée évolutive avait produit. En l'écoutant, je pensais à ce que coûtait et avait coûté sur le plan métabolique cette extrême spécialisation du cerveau, sans doute entamée alors que nos ancêtres lointains étaient des primates primitifs vivant en groupes. Ce coût me semblait considérable, même si rien n'est plus hasardeux, en biologie, que de vouloir quantifier les interactions sociales humaines. Un chat ne sait pas de quel côté le rat qu'il poursuit va tourner, mais il a beaucoup moins de possibilités de choix que les humains dans leurs comportements. De plus, le rat n'a pas de secret. Il veut vivre, c'est tout. Mais qui sait ce que veut vraiment l'autre avec qui nous parlons ? Enfin, le rat ne peut que s'enfuir à gauche ou à droite. Il est de ce point de vue comparable au boxeur qui ne doit se préoccuper que de ses poings gauche et droit, et des trajectoires qu'ils pourraient suivre.

Mais le cerveau social opère dans d'innombrables dimensions, et toujours à grande vitesse. Il fonctionne de telle manière que quelques nouvelles informations – par exemple toute réévaluation du modèle accepté, codée seulement par une poignée de cellules – sont capables de provoquer chez le sujet un changement de sa conception de l'autre et de ses comportements attendus. Mais le cerveau ne doit pas non plus être trop excitable, et résister au bruit qui pourrait l'orienter vers un mauvais modèle. De même, il doit se prémunir contre les fausses perceptions et les fausses anticipations, trop vite déclenchées.

Comme toujours en biologie, on mesure l'importance de ce processus aux conséquences de son absence. Nous connaissons les effets – distance et perte de confiance – de la perte, même brève, du contact visuel dans une conversation. Tout aussi grave peut être le résultat, à l'inverse, d'un regard fixe et prolongé, sauf lorsqu'il sert délibérément à montrer la profondeur émotionnelle de l'instant. La précision de ce sens temporel du regard est très importante, et impose certaines contraintes sur les circuits de la conscience, avec leurs vieux rythmes et leurs délais de réponse de 200 millisecondes.

Une solution possible serait d'avoir dans le cerveau des genres de modèles types, des scénarios inconscients mais préenregistrés. Ce serait une véritable prouesse, qui nécessiterait d'avoir plusieurs modèles du monde – et des autres avec lesquels nous interagissons – fonctionnant en même temps et capables de prédire les actions et les sentiments d'autrui dans l'avenir.

Un rôle clé – peut-être même le rôle principal – du cortex des mammifères pourrait être de résoudre ce problème de prédiction de l'avenir, de faire fonctionner des modèles du présent et du futur en assemblant le plus d'informations possibles sur le monde extérieur pour nourrir ces modèles. Dans le même temps, le système cortical devrait être capable de détecter très finement toute surprise, c'est-à-dire tout écart, même infime, par rapport à ce qui a été anticipé de manière à changer de modèle. L'exécution en parallèle de tous ces modèles rendrait inutile le calcul conscient des conséquences de chaque nouvel influx d'information, puisque chaque modèle contiendrait déjà les instructions, les ordres et les contre-ordres, comme si la vie sociale était un gigantesque jeu d'échec.

L'énergie nécessaire pour faire fonctionner en permanence dans le cerveau ces modèles prédictifs inconscients serait considérable. Peut-être la ressource consommée est-elle celle qui manque aux introvertis ou à ceux – la majorité des gens, en fait –, que des interactions sociales prolongées fatiguent. À l'inverse, les personnes dotées de vastes ressources pourraient être extraverties, toujours à la recherche du contact humain, comme l'était Aynur, qui avait transformé en passionnant récit de sa vie ce qui était à l'origine une consultation psychiatrique de contrôle suite à des pensées suicidaires éprouvées lorsqu'elle vivait en Europe. Cette expérience reste pour moi unique, tant par l'intensité du récit d'Aynur que par la force de sa personnalité. Et tout cela est venu d'une envie de mourir.

*

« Il y a chez nous deux manières de le faire » dit Aynur. « Dans ma ville natale, les immeubles ne sont pas assez hauts pour être sûr de ne pas se louper en se jetant par la fenêtre. Mais à Kashgar, c'est possible, et plus encore à Paris. L'autre manière, et bien ma foi la soie *atlas* est si robuste. Il y avait chez moi des poutres apparentes, et ce n'est pas difficile de faire une pile de livres ou de briques pour faire le grand saut. On peut aussi le faire sur un arbre d'un jardin public.

Pourquoi ne l'ai-je pas fait ? À cause de ma mère, je pense. Même si je devais renoncer à tous mes rêves de scientifique, et si je ne devais avoir qu'un quignon de pain par jour jusqu'à ma mort, je l'accepterais si c'était en restant avec ma maman.

Les Parisiens aiment à dire qu'ils sont plus sociaux que les Américains. C'est en partie vrai. Ils passent beaucoup plus de temps avec leurs familles et leurs amis. Mais ce n'est rien à côté des Ouïghours. Vous allez rire, mais même après mon mariage, j'ai continué à dormir pendant des mois entre mon père et ma mère, dans leur lit. Ce serait impensable dans votre Occident. On trouverait cela tue-l'amour, et même pire. Mais cela dit bien à quel point nous sommes proches de nos parents. Si je n'ai pas mis fin à mes jours, c'est à cause de ma famille, parce que je ne voulais pas lui faire de mal. Je ne voulais pas tuer de mes mains cette relation.

Je suis donc restée à Paris, rongée de l'intérieur par l'angoisse. Au bout de trois mois, au cœur de l'hiver, j'étais à peu près vivante. C'est à ce moment qu'ils ont libéré mon mari et que j'ai pu lui parler. Comme tous les jeunes hommes de notre ville, il avait été envoyé dans un camp de concentration. Je ne sais pas si c'est le bon mot, en anglais. Ce n'était pas un camp de la mort. Ils ne les tuaient pas. Enfin pas vraiment.

Lorsqu'ils l'ont libéré, nous avons pu échanger sur internet. Il avait beaucoup maigri. Il avait la tête rasée et une voix très faible. Je ne savais pas s'il avait été torturé, mais il était encore plus absent, plus vide, que moi. Je n'ai pas pu lui parler de ce qui s'était passé. Il me dit qu'il allait quitter le Xinjiang pour travailler dans les grandes villes côtières. C'est tout ce qu'il put me dire : il partait vers l'est, et n'était pas sûr que nous puissions nous revoir un jour. C'est ce qu'il a fait. Il vit aujourd'hui comme un coquillage accroché à son rocher.

Cela se passait l'an dernier, avant que je ne transfère les études de Paris à ici. Les choses n'ont pas beaucoup changé depuis. Maintenant, le gouvernement ne nie plus l'existence de camps de concentration, mais il les appelle des centres éducatifs. Les gens y sont enfermés parce qu'ils n'ont pas prononcé leur serment d'allégeance en mandarin. Ou parce qu'ils étaient « à double face », comme ils disent, prononçant les mots du serment mais sans montrer par leurs actions leur fidélité à l'État.

Et ils continuent, hélas, à raser au bulldozer les mosquées. Et les jeunes hommes sont dans des camps. »

*

Aynur était mon dernier rendez-vous de la matinée. Cela m'a évité de devoir l'interrompre pour laisser place au patient suivant. J'ai juste dû sauter ma pause déjeuner, ce qui n'est rien. Mon évaluation de son cas était claire et nette : elle avait eu des problèmes dans le passé – des symptômes d'anxiété et un trouble de l'adaptation dus à une vie extrêmement stressante – mais aucun diagnostic psychiatrique récent. Chez un patient présentant des difficultés cognitives hors de la vie sociale (ce qui n'était pas du tout le cas de Aynur, qui faisait un post-doc en biologie de l'évolution), et avec certains traits distinctifs du visage, j'aurais envisagé un syndrome de Williams, lié à un trouble chromosomique. En dépit de leur anxiété et de leurs problèmes cognitifs, les patients qui en souffrent peuvent être extrêmement bien adaptés à la vie sociale, nouant très facilement des liens (quoi que pas toujours très profonds) avec des inconnus.

Le syndrome de Williams reste mystérieux, et passionnant. Pour ma part, je suis plutôt expert de l'autre extrémité des troubles de la vie sociale : des patients atteints de troubles autistiques dont l'état du cerveau fait qu'ils sont peu enclins, ou peu adaptés, aux interactions sociales. Avec le soin de la dépression, c'est mon autre passion clinique. Dès mes premiers jours de plein exercice, après avoir achevé mes études, l'équipe médicale prit l'habitude de m'envoyer pour évaluation les patients susceptibles de souffrir de troubles autistiques. Je pris aussi en charge les patients pour lesquels un diagnostic d'autisme avait été posé, mais qui était compliqués à gérer pour une raison ou une autre, et qui nous avait souvent été envoyés d'un autre établissement (on nous envoyait aussi souvent des patients atteints de dépressions sévères). C'est ainsi que je devins un spécialiste de deux maladies pour lesquelles n'existe quasiment aucun traitement médical : l'autisme, et la dépression pharmaco-résistante.

Je me mis à m'intéresser à une population particulièrement mal prise en charge, et en effectif croissant : celle des jeunes autistes adultes, que leurs pédiatres ne suivent plus. Ces patients souffrent presque toujours d'autres troubles qui, eux, sont soignables, comme l'anxiété. Ma conviction était que ces troubles sont affectés par, et peut-être structurés par, l'autisme, et qu'ils seraient mieux traités par un spécialiste des altérations du lien social.

L'autisme sévère se définit par une incapacité totale ou partielle à utiliser le langage. Mais les patients de la partie « haute » du spectre autistique – dont le comportement social est à l'exact opposé de celui d'Aynur, même s'ils maîtrisent bien le langage – ont aussi d'autres problématiques. Vivre est pour eux un vrai casse-tête. Leur intelligence et leur capacité à parler sont en général intactes, ils peuvent travailler (et leurs profils sont même parfois très recherchés dans l'économie moderne), mais les interactions sociales sont pour eux très anxiogènes, ce qui conduit à l'apparition d'autres troubles.

Le monde social – dominé par les incohérences et les imprévisibilités du comportement humain – est pour eux un mystère, et même un champ de mines. Comment cette personne a-t-elle su ce qu'il fallait dire juste à ce moment ? Comment diable ces gens peuvent-ils se mettre tous d'accord ? Où dois-je regarder lorsque l'on me parle ? Pour ces patients, l'enfer, comme le disait Sartre, c'est les autres.

Les gens sont des systèmes complexes. Mais ces patients n'ont pas de problème particulier avec les systèmes complexes, ni même avec les systèmes complexes qui évoluent avec le temps, à condition que leur dynamique soit prévisible. Des lignes de code, les mouvements de trains définis par leurs horaires, le labyrinthe architectural des villes… tout cela peut être prédit, et c'est même une activité excitante, en particulier pour les personnes atteintes d'autisme. À l'inverse, elles auront une vive aversion pour tout ce qui est imprévisible, et en particulier les interactions sociales.

Je me dis que comprendre comment les interactions sociales pouvaient provoquer un tel mal-être était important pour une approche neuroscientifique, mais aussi pour aider les patients atteints d'autisme, dans toute leur diversité. Les comportements d'évitement social résultaient-ils d'une carence en une ressource en calcul ou en énergie ? Ou de la peur de l'inconnu ? Ou de quelque chose de plus subtil, plus difficile à formuler avec des mots ? Cette dernière possibilité me semblait souligner l'ampleur du défi que représente l'autisme. Comment des patients déjà limités dans leur accès au langage pourraient-ils exprimer ce qu'ils ressentent si nous ne trouvons pas de mots pour cela ou, pire encore, si ces mots n'existent pas ?

J'avais depuis quelque temps déjà eu l'occasion d'échanger avec des patients aux facultés cognitives et langagières élevées. Après avoir mis en place, dans le cadre d'un hôpital de jour, un traitement de leurs comorbidités, je leur posais des questions sur la nature de leur expérience intérieure. Mais par où commencer ? Je ne pouvais juste leur demander de m'expliquer l'autisme. Je choisis de partir de quelque chose de simple et concret : demander de me décrire un seul symptôme physique. De tous les troubles comportementaux du spectre autistique, le plus frappant était pour moi l'évitement du contact des regards, tout particulièrement lorsqu'un très bref contact s'établit, comme lorsque l'on aperçoit un animal sauvage, avant que les yeux ne s'enfuient pour regarder à nouveau le sol ou les murs.

Un patient prénommé Charles me fit la description la plus claire. Ce jeune spécialiste des technologies de l'information souffrait de ce que nous avons pris l'habitude d'appeler le syndrome d'Asperger

– qui appartient au spectre autistique, mais avec une excellente maîtrise du langage – et un évitement très prononcé du regard. À la clinique, je traitais depuis deux ans son anxiété, avec succès puisqu'il ne souffrait plus d'attaques de panique et pouvait supporter son lieu de travail. En revanche, il n'y avait pas le moindre progrès sur les symptômes autistiques, par exemple dans son regard. Un matin, je lui demandais :

– Qu'est-ce que vous ressentez lorsque vous avez un bref contact visuel ? Est-ce que cela vous angoisse ou vous fait peur ?

– Non, je n'ai pas peur.

– Est-ce écrasant ?

– Oui, répondit-il sans hésiter.

– Dites-moi en plus, Charles, si vous le pouvez.

– Et bien quand je vous regarde parler et que l'expression de votre visage change, je dois penser à ce que cela signifie, à la manière dont je dois réagir, et ce que je dois dire.

– Et puis, insistais-je doucement, qu'est-ce qui vous fait détourner le regard ?

– Et bien cela me déborde. Je suis complètement débordé.

– Donc vous recevez trop d'informations, et c'est ce qui vous fait vous sentir mal.

– Oui, répondit-il aussitôt, et c'est plus facile si je regarde ailleurs.

Pour le neuroscientifique et le psychiatre que je suis, ce fut un moment inoubliable. Ce patient présentant un évitement très prononcé du contact visuel et une tendance à l'anxiété venait de me dire ce que très peu de collègues avaient déjà entendu : que la question du contact visuel était pour lui indépendante de celle de l'anxiété. Cela allait très bien avec les effets de mon traitement, très efficace contre l'anxiété mais inopérant sur le contact visuel. Le patient confirmait cette dissociation par ses propres mots. Ce moment signifiait pour moi que je n'avais pas fait tout cela pour rien, que tous ces sacrifices faits pour mener de front les études de médecine jusqu'à l'internat de psychiatrie et le doctorat tout en élevant seul mon fils avaient servi à quelque chose. C'était profondément rassurant.

Un processus bien plus subtil et intéressant que l'anxiété ou la peur semblait à l'œuvre. Le cerveau de Charles détectait sa propre incapacité à gérer le flux d'informations sociales, tout en comprenant que cette gestion était très importante. De plus, le cerveau avait établi un lien entre ce défi informatif et un état subjectif interne de valence négative, un état de mal-être.

Mais il restait, comme toujours, des mystères. Par exemple, ces ressentis négatifs étaient-ils innés ou acquis ? Ce lien avait pu se former petit à petit, à mesure que se répétaient des difficultés émotionnelles lors d'interactions sociales. Ou être présent dès la naissance, sans nécessité d'apprentissage. Ce mal-être était-il un mécanisme évolutif aidant à faire face au flux permanent d'informations, poussant à se retirer des interactions sociales lorsque la personne ne sera pas en mesure d'y faire face et risquera d'y perdre beaucoup ? Ou était-il une conséquence directe de l'imprévisibilité du flux de données, donc une réponse à une intensité très élevée de ce flux ?

Il y avait là des idées potentiellement très riches, des idées suggérées par un patient providentiel, situé sur le pôle opposé à celui d'Aynur, mais maîtrisant assez le langage pour raconter son histoire.

*

« Ce n'est pas juste » poursuivit Aynur. « Nous sommes un beau peuple. Nous n'aimons pas seulement nos familles, mais aussi les visiteurs, que nous plaçons toujours à la meilleure place à table, qui qu'ils soient. On ne verrait jamais cela en Californie, et pas non plus en France. Je trouve amusant d'observer vos manières. J'ai toujours l'impression que vous avez peur que l'invité vous chasse de chez vous.

Est-ce vraiment de cela que vous avez peur ? C'est votre maison. Personne ne vous la prendra. Si nous avons un invité, nous lui donnons le meilleur fauteuil pour la soirée. C'est un geste simple, qui ne coûte rien, et crée un lien profond qui durera toujours.

Je me demande si cet aspect de notre culture passe pour une faiblesse. Les Ouïghours ne sont pas les seuls ainsi, tous les peuples en font de même le long de ce que vous appelez, et que nous appelons aussi, la route de la soie. Nous sommes très forts en lien social, mais nous avons bien d'autres forces. Lorsque j'avais treize ans, je me suis battue seule contre sept filles Han.

Nous étions dans le dortoir et elles parlaient. Je savais qu'elle n'imaginait pas que je les comprenais. J'ai toujours été très forte, bien plus que je n'en ai l'air, dans la compréhension des langues. J'ai appris le mandarin, le français et l'anglais, à chaque fois en quelques semaines, juste en écoutant et observant. Les filles se plaignaient que quelqu'un avait laissé traîner de la vaisselle sale dans les parties communes, et elles m'en accusaient. Une d'elle était devant le miroir de la salle de bains, en train de se brosser les cheveux, et elle a dit quelque chose d'horrible sur ma famille, qu'elle n'avait jamais vue, elle a dit que ma mère puait. J'ai sauté de mon lit et l'ai attrapée par les cheveux. Les autres ont alors aussi sauté de leurs lits pour venir à son secours. Nous étions toutes surprises de cette bagarre. Moi, j'étais surtout surprise d'être plus forte qu'elles toutes réunies. Je les ai étalées l'une après l'autre, et je n'ai plus entendu aucune insulte de l'année.

Aujourd'hui, je me sens coupable de m'être comportée ainsi avec ces filles. C'est moi qui ai commencé. Je croyais défendre ma famille, mais aujourd'hui, alors que j'ai deux fois l'âge que j'avais au moment de cette bagarre, je me dis qu'elles étaient des enfants. Il se peut que j'aie aggravé, par ma violence, les choses et conforter leur mauvaise opinion de ma culture. Les Hans sont un beau peuple, eux aussi, et je ne leur en veux pas d'avoir le gouvernement qu'ils ont. Mais je me demande quel chemin va prendre leur pays, s'ils ont un avenir, s'ils parviendront à briser ce système.

J'ai étudié la biologie des pucerons à partir de mon master, et c'est dans ce cadre que j'ai appris l'histoire des guêpes, des animaux incroyablement complexes dont il existe un nombre immense d'espèces. D'où vient ce succès évolutif ? Savez-vous que les fourmis, les abeilles, les guêpes et les frelons proviennent du même ancêtre, une sorte de guêpe qui vivait au temps des dinosaures ? Cet insecte ressemblait à une tenthrède et se nourrissait de plantes. Une étrange mutation l'a rendu capable de déposer ses œufs, grâce à son ovopositeur, dans le corps d'un autre animal. Cela a été le point de départ d'une étonnante diversification à partir de cet ancêtre commun, car pouvoir pondre ses œufs dans un autre animal – une araignée, un puceron, une autre guêpe – s'avérait extrêmement avantageux.

Leur taille très resserrée, aussi fine qu'un cheveu – la fameuse « taille de guêpe », reliant thorax et abdomen est apparue par le hasard des mutations. La sélection naturelle a ensuite pris le relai. Les espèces de guêpes ont connu une expansion rapide grâce aux contorsions que permet cette taille, capable de placer l'ovipositeur, de plus en plus long avec l'évolution, pour qu'il atteigne des larves vivant au creux des arbres ou les cavités internes de grosses chenilles.

Mais le plus étonnant est la fin de cette histoire, et c'est bien pour cela que je la raconte. Plusieurs branches de la famille des guêpes – mais aussi des fourmis, des frelons, des abeilles, et autres insectes sociaux – ont par la suite abandonné cette reproduction parasite qui avait permis leur succès évolutif. Il est fréquent que des éléments complexes du corps disparaissent lorsqu'ils n'ont plus d'utilité, et ce pour toujours. Il est rare que des organismes devenus parasites, ayant ainsi adopté un plan d'organisation très sommaire, sortent de ce véritable puits évolutif. Les guêpes en sont sorties d'une manière très différente : en devenant des animaux sociaux. C'est en se liant les unes aux autres qu'elles ont retrouvé leur liberté.

Elles conservent leur taille extrêmement fine, que l'on trouve aussi chez les fourmis, mais elles n'ont plus besoin de l'être autant. C'est une sorte de leg de leurs ancêtres. Les ovipositeurs sont devenus des dards, qui servent à se défendre. Le soin des larves est assuré par des structures sociales complexes aux liens très puissants, et elles n'ont plus besoin de pondre dans d'autres êtres vivants.

Voyez-vous, les guêpes ont eu besoin de cinquante millions d'années pour trouver comment vivre en société, ou même en famille. Le comportement social est dur à acquérir. Et avant, il avait fallu 17 millions d'années pour inventer la taille de guêpe. Et encore treize millions d'années pour transformer l'ovipositeur en dard (ce qui explique soit dit en passant que les femelles soient beaucoup plus nombreuses que les mâles chez les abeilles car le dard, qui permet de se défendre, est apparu à partir de l'ovipositeur qui est l'organe reproducteur féminin). Et pourtant le défi de la vie sociale n'est toujours pas relevé.

Une fois apparue la possibilité de paralyser grâce au venin des proies, et de pondre les œufs dans leur corps, où qu'il soit, cinquante millions d'années ont été nécessaires pour trouver les bons moyens de transporter la proie paralysée dans un lieu approprié, y construire un nid, trouver de nouvelles sources de nourriture comme le pollen ou les feuilles, et au final défendre ce nid et ces habitants, c'est-à-dire sa famille.

Les comportements sociaux sont rares, et beaucoup de choses doivent être réunies pour qu'ils soient possibles. Cela commence par le soin apporté aux petits, mais cela ne suffit pas. Il faut par exemple être prêt, et avoir les organes nécessaires pour cela, à défendre le groupe social, qui a demandé un tel investissement. Lorsque tout est en place, un monde entier s'ouvre.

Après avoir dit cela, Aynur a fait une pause, chose rare chez elle. J'ai décroisé mes jambes, et me suis redressé, les mains croisées sur les genoux.

« J'ai eu un rêve pénible à propos d'un bébé peu après mon arrivée en Californie » a-t-elle repris. Elle semblait chercher péniblement dans ses souvenirs.

Je ne dis rien, ne voulant pas prendre le risque d'orienter, même légèrement, son flot de parole. En attendant, je me demandais – n'étant pas expert en insectes – si les interactions entre les parents et leurs petits pouvaient également avoir guidé l'apparition des comportements sociaux chez les mammifères. Cette même année 2018, des chercheurs avaient utilisé l'optogénétique pour étudier l'attachement parental chez la souris. Ils avaient mis en évidence deux systèmes de projection distincts à travers le cerveau, l'un pour rechercher le petit perdu, l'autre pour en prendre soin, tous deux originaires d'un même centre, selon une organisation très semblable à celle que nous avions mise en évidence cinq ans plus tôt à propos des différentes composantes de l'anxiété.

Cette dyade ancienne de la parentalité avait créé les fondations de circuits neuronaux pouvant servir à de nouveaux types d'interactions sociales. Un insecte capable de prendre soin de ses petits est peut-être plus disposé à prendre soin de ses anciens compagnons de nid – la même idée vaut pour la souris ou les primates – par reconfiguration des mêmes circuits neuronaux. Un même processus (ce genre de recyclage joue un rôle considérable dans l'évolution) expliquerait aussi l'apparition du soin des petits. Il suffit de les imaginer comme des êtres extérieurs prenant la place de soi-même dans les structures cérébrales du besoin et de la motivation, les détournant pour concevoir une image et une idée des besoins de l'autre, et non plus seulement de soi.

Cependant, les comportements sociaux non familiaux semblent beaucoup plus complexe. Dans les familles, les motivations des parents et les besoins des petits sont pour l'essentiel stables et constants. À l'inverse, toute la complexité des interactions sociales non familiales tient à ce qu'il faut sans cesse et vite, en quelques centaines de millisecondes, changer de représentation de l'autre pour tenter de prédire ses actions. De nombreux mammifères y parviennent, des lions aux mangoustes en passant par les souris, même si ces interactions sociales, durant lesquelles on ne s'entre tue pas, sont toujours fragiles.

« Dans ce rêve, j'étais moi-même » finit par reprendre Aynur « un être humain ordinaire. J'étais aussi parent, ce qui est bizarre : tout ce que mon corps de femme a porté est un tératome. Dans ce rêve, les bébés étaient étranges, minuscules, de la taille d'une petite graine nue, comme des petits marsupiaux tous roses qui ne savent que ramper sur le ventre de leur mère pour aller téter son lait.

Tous les bébés étaient comme cela, et même en pire. Les parents n'avaient pas la poche des marsupiaux où abriter les petits, ni la fourrure pour les réchauffer. Ils n'avaient que leurs mains pour cela. Les minuscules bébés se ressemblaient tous, comme des embryons. Mais vous reconnaissiez sans peine le vôtre, parce que vous ne le quittiez jamais, vous l'aviez toujours dans vos mains pendant vos voyages de lac en lac à travers la taïga comme une petite goutte de chaleur humaine.

Dans mon rêve, j'avais perdu mon bébé en traversant une forêt. Je ne savais ni quand, ni comment il m'avait échappé. Je partais à sa recherche en rebroussant chemin, mais mes traces avaient été recouvertes par les feuilles mortes de l'automne. Je remuais frénétiquement l'humus, mais sans espoir. La forêt était immense et mon bébé si petit.

Mon enfant était perdu, en train de se refroidir et de mourir quelque part au sol, loin de moi. En le cherchant, je sentais un fil ténu nous reliant – le bébé était moi, une part de moi, mais en même temps distante de moi, tout en ayant besoin de moi – mais je ne pouvais pas voir si ce fil nous reliait au monde extérieur. Je sentais la place de l'absent en moi, très précisément, dans ma poitrine, derrière mes seins. Ce sentiment intérieur de perte de l'enfant avait sans doute été placé là par l'évolution pour me conduire à faire ce qui était nécessaire. C'est ce qui me faisait creuser et fouiller sans répit, avec une rage sauvage, à la recherche de mon enfant, cette part de moi perdue.

*

Aynur était douée, et pas seulement dans le domaine social. Elle était capable de synthétiser des informations de toute sorte, mêlant ses rêves, ses souvenirs, ses connaissances. Tout cela était lié, d'égale importance, et elle le tissait sans effort. Charles, de son côté, en était incapable. Les informations sur la vie sociale n'étaient pas les seules qu'il trouvait écrasantes. Comme beaucoup de personnes atteintes de troubles du spectre autistique, il était perturbé par tout ce qui était imprévisible dans son entourage : un bruit ou un contact physique imprévu pouvait être pour lui très douloureux. Le positionnement sur le spectre de l'autisme refléterait ainsi peut-être une capacité plus ou moins importante à traiter des flux d'informations, et pas seulement de nature sociale. Ce n'est peut-être que parce que les informations en provenance des interactions sociales sont particulièrement riches et imprévisibles que les manifestations symptomatiques d'incapacité à les traiter sont si visibles.

Penser ainsi, en termes de densité du flux d'informations sans se focaliser sur celles qui proviennent des interactions sociales, pourrait aussi aider à éclaircir un des aspects les plus mystérieux de l'autisme. Seules les données imprédictibles sont réellement des informations. Si une personne comprend un système au point de prévoir toutes ses évolutions, alors on ne peut rien lui apprendre, aucune nouvelle ne le surprendra.

Lorsque je recevais Charles ou Aynur comme patients, je ne savais pas, et nous ne savons toujours pas, comment les informations sont représentées dans le cerveau, du moins pas avec autant de certitude que nous comprenons comment l'information génétique est codée dans l'ADN. Tout ce que nous savons est que l'information neuronale est transmise par des signaux électriques le long des cellules, puis des signaux chimiques de cellule à cellule. Et que de nombreux gènes liés à l'autisme sont impliqués dans ces processus d'excitabilité électrique ou chimique, codant pour des protéines qui génèrent, transmettent, orientent ou reçoivent ces signaux.

Ce que nous savons de la génétique s'accorde donc avec une altération du traitement de l'information dans l'autisme. Cette idée n'est pas assez précise pour permettre de concevoir un diagnostic ou un traitement. D'autres arguments peuvent être avancés en faveur de cette thèse. En moyenne, les patients autistes montrent des signes d'hyperexcitabilité cérébrale, comme l'épilepsie qui prend la forme de crises incontrôlables. À l'électroencéphalogramme, mesuré avec des électrodes externes qui enregistrent à la surface du cortex l'activité de groupes de neurones synchronisés, les ondes gamma, oscillations qui se reproduisent trente à quatre-vingt fois par seconde, sont beaucoup plus marquées chez les autistes.

Une manière de concilier toutes ces observations est de postuler une excitation neuronale accrue, ou une inhibition diminuée, dans le cerveau des patients autistes. Cette hypothèse est séduisante, notamment parce qu'elle peut se décliner à de très nombreux niveaux d'organisations : neurotransmetteurs, synapses, cellules, circuits et même cerveau tout entier. On peut par exemple très bien imaginer un déséquilibre entre neurones excitateurs et neurones inhibiteurs dans le cerveau des autistes.

Mais comment tester cette hypothèse ? On connaît des moyens de réduire l'activité du cerveau, par exemple à travers des médicaments utilisés pour traiter les crises épileptiques ou l'angoisse (c'est le cas des benzodiazépines) mais ils diminuent l'activité de tous les neurones, et non des seules cellules excitatrices.

En accord avec l'hypothèse du déséquilibre de la balance excitation/inhibition, les benzodiazépines sont en général inefficaces pour traiter le noyau dur des symptômes autistiques. Chez Charles, par exemple, les benzodiazépines qu'il avait prises pendant des années avaient éliminé son anxiété, mais pas ses manifestations autistiques. L'autisme ne peut clairement être seulement la conséquence d'une activité cérébrale accrue.

L'optogénétique a permis de tester expérimentalement, pour la première fois, cette hypothèse du déséquilibre entre excitation et inhibition au niveau cellulaire. L'idée a été de modifier l'activité, tant excitatrice qu'inhibitrice, de cellules de régions bien choisies au sein du cortex préfrontal, impliqué dans les fonctions cognitives supérieures.

Comme beaucoup d'animaux, les souris aiment la compagnie de leurs semblables, même sans apparentement. Si elles ont le choix, elles préfèrent un environnement où il y a un congénère. Les souris montrent aussi des signes d'intérêt les unes pour les autres, avec de nombreux comportements de contacts et d'interactions. Cette sociabilité murine est perturbée par les mutations des gènes connus pour être impliqués, chez l'homme, dans l'autisme.

En 2011, nous avons ainsi démontré que l'élévation, par des méthodes optogénétiques, de l'activité des cellules excitatrices du cortex préfrontal entraînait des carences considérables de l'activité sociale chez la souris adulte. Précision importante, les comportements non sociaux, comme l'exploration des objets inanimés (et donc tout à fait prévisibles) n'était pas affectée.

L'effet observé était donc spécifique, et conforme à ce que l'on attendait de l'hypothèse du déséquilibre cellulaire, qu'elle venait donc renforcer. Allant également dans ce sens, l'élévation par des méthodes optogénétiques de l'activité des cellules inhibitrices chez ces mêmes souris, rétablissant ainsi l'équilibre entre excitation et inhibition, corrigeait les déficits de comportement social.

Cette expérience n'aurait pas été possible sans la création, par notre équipe, des premières channelrhodopsines activées par la lumière rouge, permettant de corriger les effets de celles activées par la lumière bleue. C'est cette avancée qui nous a permis, en 2011, de modifier l'activité des cellules excitatrices avec la lumière rouge, puis celle des inhibitrices avec la lumière bleue.

En 2017, peu après que j'ai soigné Charles mais avant que je rencontre Aynur, nous avons étendu cette approche à des souris portant des mutations induites sur des gènes correspondant à ceux que l'on retrouve chez des familles humaines affectées par l'autisme. Ces souris, dont un unique gène nommé *Cntap2* a été muté, présente de naissance des déficits du comportement social. Ces troubles peuvent être corrigés par une intervention optogénétique opposée celle que nous avions utilisées en 2011 pour induire des troubles du comportement social. Tant l'augmentation de l'activité des cellules inhibitrices que la diminution de celle des cellules excitatrices dans le cortex préfrontal corrigent les déficits du comportement social de type autistique chez ces souris.

Heureux de confirmer par ces expériences l'hypothèse du déséquilibre entre excitation et inhibition, nous étions intrigués par le fait que son altération entraînait des troubles du comportement chez l'adulte. Cela n'avait rien d'évident. On aurait pu s'attendre à ce que cet équilibre se mette en place dans des phases très précoces, inaccessibles à l'expérimentation, du développement. Nos travaux n'excluaient pas que des phénomènes importants se produisent avant la naissance, mais ils montraient que, dans certains cas tout au moins, une intervention chez l'adulte permettait d'agir sur les causes des troubles du comportement social et de les corriger, ce qui ouvrait des perspectives thérapeutiques.

Ces résultats ont aussi montré la fécondité d'une certaine approche scientifique. La psychiatrie a ici été à l'origine de la conception d'expériences de neurosciences fondamentales, qui ont à leur tour aidé à mieux comprendre ce qui se passait dans les esprits atypiques des patients que nous recevons en psychiatrie, et à aider à vivre des situations cliniques aussi émouvantes et complexes que de se plonger dans le récit d'Aynur.

« Je sais bien que nous avons dépassé d'une heure », dit Aynur, interrompant un silence dont je pris conscience au moment précis où elle le rompit, « je suis désolé de vous avoir fait rater votre déjeuner. Merci de m'avoir écoutée, c'était important pour moi de m'expliquer. Les médecins français voulaient me garder, mais je ne suis plus suicidaire, à présent. J'ai eu un passage à vide, c'est tout.

Je ne veux pas alarmer en disant cela, mais cela m'arrivera à nouveau. À présent, je sais que j'ai besoin de ma famille et que je ne peux vivre sans elle. Ces liens qui ont créé l'humanité, qui lui ont peut-être permis de survivre, pourraient bien avoir aussi créé une vulnérabilité. Tout le monde n'aurait pas réagi de la même manière, mais je sais que je n'ai jamais senti cette faiblesse intérieure aussi fortement que durant ces trois mois. Je ne manquais ni d'un toit, ni de quoi me nourrir, et j'ai pourtant failli être détruite. J'ai failli mourir, même si je voyais bien comment faire ma vie en Occident, avec de nouveaux amis et de nouveaux amoureux.

Des hommes se sont intéressés à moi. Il y en a eu un qui m'intéressait.

Nous nous sommes rencontrés un soir, dans un café près du stade. Les choses auraient pu aller très vite. Comment vous décrire cette relation ? Éruptive ? Peut-être. Tangente ? Je ne sais pas. C'était il y a plus de six mois, et à l'époque je ne pensais pas encore en anglais. Mais peu importe, le bon mot n'existe dans aucune des langues que je parle.

Rien ne s'est passé, cependant. Nous avons bu nos cafés dans d'horribles tasses violettes. En rentrant chez moi, je me suis dit que les liens sociaux ne font que renforcer une force que nous avons déjà en nous. Je savais quelque chose que l'homme avec qui j'avais bu un café ne savait pas : que les structures sociales n'apparaissent qu'après le dard et le venin. Les biologistes de l'évolution savent bien que c'est ce dard qui a permis la survie et le succès évolutif de la lignée des guêpes, ces animaux qui semblaient si petits et si fragiles. Je suis persuadé que l'on ne peut mener une vie sociale que si l'on est solidement armé pour défendre ses petits. Cette force vous dispense d'attaquer. Le besoin de se lier aux autres *est* une force, non une faiblesse ».

Les extravertis, comme Aynur, et les politiciens de nature à la sociabilité inépuisable, tirent leur énergie des échanges et évitent d'être seuls, soit l'exact inverse de ce qui se produit dans les troubles du spectre autistique. Ceux qui se placent à un extrême ou un autre, comme Aynur et Charles, de l'intensité de la vie sociale, vivent très mal d'être contraints de vivre à l'autre extrême, comme des animaux nocturnes placés en plein soleil.

L'évolution a rendu la lumière extrêmement désagréable aux mammifères nocturnes, et c'est ce ressenti qui les conduit à avoir le comportement le plus adapté à leur constitution et à leurs chances de survie, qui est d'éviter le grand jour et la lumière. De même, il est possible que des états du cerveau favorables, ou au contraire défavorables, à la vie sociale survenant dans les mauvaises conditions contribuent à associer ces dernières, sur le temps long de l'évolution, à des sentiments négatifs ou à une aversion.

De même que les stratégies de survie ne sont pas les mêmes pour les animaux nocturnes et diurnes, il pourrait y avoir des modes différents de traitement de l'information, tous ayant leur qualité, mais mutuellement incompatibles. Le mode dynamique, permettant de traiter des systèmes imprévisibles (typiquement dans les interactions sociales), pourrait ainsi être incompatible avec le mode adapté à l'évaluation réfléchie d'un système stable (un outil, une page de code, un algorithme, un calendrier un horaire) pour lequel la meilleure stratégie est de l'examiner sous tous les angles avec la certitude qu'il ne se modifiera pas d'un examen à l'autre. Ces états du cerveau doivent être activés ou désactivés, selon les circonstances, en fonction des préférences de l'espèce sculptée par des millénaires d'évolution et des prédispositions de chacun pour l'un ou l'autre des modes.

Nos expériences d'optogénétique sur l'équilibre entre excitation et inhibition ont ensuite été reproduites chez d'autres lignées de souris, mais une question reste entière : y a-t-il un lien entre ce déséquilibre cellulaire, à l'origine des troubles du comportement social chez la souris, et la véritable panique informationnelle que décrivait Charles, et que vivent sans doute bien des patients atteints de troubles du spectre autistique ? L'optogénétique nous a permis de trouver un début de réponse. Dans notre article de 2011, nous avions montré que l'accroissement de l'excitabilité des cellules excitatrices du cortex préfrontal (qui cause des troubles du comportement social) diminuait aussi la capacité de transfert d'information des cellules, ce que nous pouvions mesurer précisément en bits par seconde. Ce qui perturbe l'équilibre entre excitation et inhibition perturbe les interactions sociales, mais aussi la transmission de flux important de données, ce que l'on peut relier à l'impression de Charles d'être *débordé* par tout ce que signifie un regard.

Ce ressenti de Charles pose une autre question. Les patients atteints de troubles du spectre autistique se sentent mal lorsqu'ils sont débordés par les informations qui leur parviennent, mais on ne sait pas bien pourquoi. La surcharge informative n'a pas de raison d'avoir une valence émotionnelle. Si elle existait, elle pourrait même être positive, avec une sorte de sensation de liberté, de souveraineté, à se tenir à l'écart de tout ce qui nous parvient. De par mon expérience de psychiatre, je sais combien il peut être difficile de mener sa vie alors que l'on est sans cesse sollicité pour être bien plus impliqué socialement que l'on ne peut l'être. Le mal-être que ressentait Charles pourrait ainsi être socialement conditionné, appris à travers une vie sociale allant d'un léger stress avant de rencontrer une personne inconnue à des incompréhensions dramatiques, avec tous les intermédiaires possibles entre les deux.

Mais ce mal-être ne pourrait-il pas à l'inverse être inné, et survenir lorsque le flux d'information dépasse la capacité de charge de la personne ? À peu près n'importe qui, du plus social à l'introverti aux frontières du spectre autistique, peut se sentir las après des interactions sociales prolongées, comme si ses circuits cérébraux sociaux étaient à bout de course. D'un point de vue évolutif, chez une vieille espèce sociale comme la nôtre, un tel mécanisme pourrait servir à éviter des erreurs dans les interactions avec les autres qu'une certaine accumulation de fatigue pourrait induire.

« Encore une chose » dit Aynur, alors que nous nous levions ensemble – j'avais l'impression de m'être levé le premier, mais elle en avait fait de même tellement rapidement que je ne savais plus qui avait donné le signal – « je sais qu'ils ont voulu que je vous consulte au moins une fois, et que nous ne nous reverrons sans doute pas. Mais vous m'avez demandé tout à l'heure, quand nous parlions de ma famille, comment on faisait pour colorer la soie, et je ne vous ai pas répondu.

C'est un savoir-faire vraiment intéressant. Je me souviens que, lorsque j'étais enfant, j'aimais tout particulièrement le rose pâle des soies teintes au tamaris. J'avais l'impression de voir l'arbre en fleur lui-même. La couleur est délicate, mais la soie, tout comme le tamaris, est solide. Je ne sais pas si vous en avez déjà vu. Le tamaris est un miracle de la vie. Il pousse jusque dans les déserts, vert toute l'année, mais aussi tellement coloré lorsqu'il fleurit.

Soit dit en passant, il y a aussi des guêpes qui pondent leurs œufs dans les tamaris. Une forme particulière de bois se forme autour de la ponte, pour constituer ce que l'on appelle la galle, une excroissance en forme de bille. C'est comme un tératome, mais cela ne fait pas de mal au tamaris, qui n'a pas de raison de se défendre contre.

Je lisais l'autre jour que le tamaris est ici considéré comme une espèce invasive. Vous l'appelez le cèdre salé, j'aime bien ce nom. On dit qu'il a été importé d'Asie pour décorer les jardins, et maintenant il prolifère sur toute la côte ouest. C'est une essence qui pousse sur les terrains salés, ce qui lui donne un avantage sur des espèces comme le saule ou le cotonnier.

Pas loin d'ici, il semble que l'on recommande aux randonneurs de détruire toutes les jeunes pousses de tamaris qu'ils rencontrent, pour protéger les plantes indigènes ainsi que certains animaux. Des oiseaux perdent les arbres où ils avaient l'habitude de nicher, mais les tourterelles et les colibris ont appris à faire leur nid dans les tamaris. Dans d'autres endroits, les gens ont renoncé à lutter et laissent les tamaris pousser, ce ils donnent de superbes tâches de couleur dans le désert. J'ai vu une photo, j'aimerais vraiment vous la montrer.

Revenons-en à la teinture de la soie. Tout ce que je peux vous raconter est la méthode traditionnelle, très lente, à la main, que m'a apprise ma mère. Je ne sais pas comment ils font dans les usines. Il faut d'abord faire bouillir les cocons, pour en tirer les fils de soie, que nous tressons ensuite en fils robustes. Nous les trempons ensuite dans différents pigments, un par un, en faisant sécher entre chaque trempage. C'est une étape très longue, en particulier pour les roses pâles et les pourpres délicats du tamaris.

*

Une proportion sans cesse croissante des interactions humaines est bien pâle en comparaison de la vie sociale naturelle. En limitant les dimensions multiples de l'échange, nous nous épargnons de la charge mentale, même si cette charge est souvent imperceptible. Le téléphone permet par exemple de supprimer le flux d'informations visuelles, et les e-mails ou les posts sur les réseaux simplifient plus encore les échanges. Toutes ces méthodes visant à réduire le contenu en information de chaque interaction aboutit à un genre d'isolement paradoxal, qui permet de multiplier le nombre d'échanges tout en rendant les incompréhensions plus fréquentes.

La tendance à augmenter le nombre de partenaires et de contacts en diminuant la quantité de données échangée à chaque interaction pourrait bien être en passe d'atteindre une limite pratique, pas loin d'un bit (j'aime/j'aime pas) par interaction. Ce malheureux bit peut lui même être chargé d'une grande intensité sentimentale, exprimer l'attention, la passion ou l'intrigue, parce qu'il s'inscrit dans un contexte social et est interprété par notre imagination, elle-même fonctionnant avec nos modèles pré-enregistrés des comportements d'autrui. L'échange entre humains est aujourd'hui d'une certaine manière possible avec seulement quelques mots, et dans le cas extrême, un interrupteur binaire, ce qui a pour effet de soulager la pression causée par la complexité et l'imprévisibilité des comportements sociaux.

Peut-être est-il temps de revoir nos définitions du normal et du pathologique dans le niveau de vie sociale, puisqu'elles ont été faites à une époque à présent révolue où toutes les interactions impliquaient des contacts physiques entre deux personnes et un très haut niveau d'échange d'informations. Les personnes atteintes d'autisme (du moins dans la partie haute du spectre) sont beaucoup plus à l'aise dans la vie sociale si l'échange ne se fait pas en temps réel, mais avec un flux réduit d'information, comme par écrit. Comme toute interaction s'expose à des erreurs d'interprétation, la communication peut s'améliorer quand on lui accorde du temps.

Les bits à transférer peuvent ainsi être préparés soigneusement, et envoyés d'un clic lorsqu'ils sont prêts. Aucune réponse immédiate n'est attendue. Celui qui les reçoit peut les évaluer sous différents points de vue en prenant tout le temps nécessaire, jusqu'à ce qu'une réponse soit conçue. Et le jeu se poursuit ainsi, comme une partie d'échec, de clics en clics, en un Morse post-moderne.

Le spectre autistique n'est ainsi pas qu'un problème de « théorie de l'esprit », pour reprendre cette idée largement répandue selon laquelle les autistes ne peuvent concevoir l'esprit de l'autre. La théorie de la limitation du flux d'information que nous développons, inspirée par l'optogénétique, est peut-être plus proche de ce que ressentent beaucoup de patients, qui ont besoin de beaucoup de temps pour faire fonctionner leurs propres modèles selon leurs propres capacités de charge mentale.

La psychiatrie, et plus généralement la médecine peuvent très bien être pratiquées dans des conditions impliquant beaucoup moins d'échanges que la traditionnelle consultation. J'en suis arrivé à cette conclusion en travaillant dans un hôpital local de l'administration des anciens combattants où j'ai constaté que le lien humain indispensable à la psychiatrie pouvait très bien passer par des échanges téléphoniques. C'est ce que j'ai à nouveau constaté lors de la pandémie de coronavirus de 2020.

La psychiatrie d'urgence, même si j'en suis à chaque fois étonné, peut très bien se pratiquer efficacement par consultation téléphonique.

L'hôpital des anciens combattants tranche au milieu des collines verdoyantes qui entourent l'université. Comme d'autres, il a inspiré le film *Vol au-dessus d'un nid de coucou*. S'il reste pétri de contradictions, son personnel est aujourd'hui très majoritairement formé de médecins hospitalo-universitaires à la pointe de leurs domaines. On trouve à la fois dans cet hôpital le passé préscientifique, parfois peu glorieux, de la psychiatrie, et les promesses d'une approche fondée sur les neurosciences.

Le psychiatre qui décroche quand vous appelez l'hôpital est surnommé le NPS, pour Neuro Psychiatre de Service. Il s'occupe des gérer les admissions aux urgences, toujours un peu chaotiques, de répondre aux familles, de veiller sur les patients des unités de soin fermées, et surtout de répondre au téléphone. Il doit en effet répondre à tous les anciens combattants, et ils sont nombreux tout autour de l'hôpital, qui appellent de chez eux, et en particulier ceux atteints de Syndrome de Stress Post Traumatique (SSPT), un trouble grave et fréquent qui résiste aux médicaments.

Appelez le NPS : c'est l'idée qui vient lorsque tout le reste a échoué. Au milieu de toutes ses tâches, le NPS doit pouvoir accueillir l'appel d'une voix désespérée qui vient de derrière les murs de l'hôpital, une voix étranglée et coupable qui a besoin de parler avec quelqu'un, n'importe qui qui puisse le comprendre. D'expérience, ces appels durent au moins une heure. Une consultation à l'hôpital serait bien plus rapide, mais ces échanges qui ne reposent que sur la voix, et sur lesquels plane le spectre du suicide, ont besoin de plus de temps.

Lorsque l'appel arrivait, souvent vers trois heures du matin, au beau milieu d'une admission compliquée aux urgences ou tandis que j'essayais de dormir quelques minutes pour reprendre des forces, j'avais du mal, lorsque j'étais plus jeune, à ne pas ressentir de la colère, d'autant plus que l'appel n'avait aucun but, du moins aucun que l'ancien combattant au bout du fil puisse me décrire. Ce dernier avait juste besoin de parler, et j'ai dû apprendre à me transformer de médecin efficace en interlocuteur empathique. Tant l'ancien combattant que moi-même livrions une nouvelle bataille, visant à ne pas laisser les traumas passés envahir le présent.

Ces appels, je les recevais entortillé sur les matelas en plastique horriblement inconfortables de l'hôpital, couvert d'une petite couverture protégeant mal de ce désespoir de l'aube qui glace les os, le combiné coincé entre la tempe et l'épaule, avec toujours la crainte que l'on m'appelle parce qu'un patient se plaint d'une douleur à la poitrine ou qu'un autre est agité et doit être placé en camisole. Pas vraiment les conditions idéales pour un échange. Et pourtant, bien des appels se sont conclus par un mieux-être, du patient comme de moi, nous permettant de nous remettre en mouvement, de nous remettre dans la vie – parfois de dormir un peu –, réchauffé par cet échange humain, par cette vraie interaction sociale.

Des années plus tard, la pandémie de coronavirus m'a rappelé ces épisodes. Les confinements et les isolements, visant à éviter la propagation du virus, ont obligé bien des interactions humaines à se faire à distance si elles ne voulaient pas tout bonnement disparaître. Les rendez-vous téléphoniques ou de vidéo-conférence, qui étaient souvent le seul moyen d'échanger avec les patients, sont devenus routiniers, non sans réticences de la part des psychiatres dont ce n'était pas là la culture professionnelle, et qui craignaient de perdre une partie des informations échangées dans un rendez-vous en face-à-face.

Certains de mes patients les plus âgés étaient également réticents aux vidéo-conférences, préférant le téléphone. Les plus jeunes, au contraire, ne tardèrent pas à trouver les échanges vidéo sur Internet aussi naturels (et même meilleurs) que ceux de la vie réelle. C'est lors d'une de ces consultations téléphoniques, avec Mr Stevens, un homme de plus de 80 ans que je connaissais depuis des années, que j'ai soudainement été frappé par la sensation de réminiscence avec ce que j'avais vécu durant les nuits à l'hôpital des anciens combattants. Je retrouvais cet échange ne reposant que sur les mots et les silences, la voix et ses variations, ce flux d'information purement auditive.

Mr Stevens venait de retomber quatre semaines auparavant (avant que la pandémie de Covid ne frappe la Californie) dans la dépression, alors que je venais de diminuer le dosage de l'un de ses médicaments. En échangeant quelques plaisanteries avec lui en début de conversation, avant de l'interroger sur ses symptômes (j'avais bien sur le risque suicidaire en tête, mais je ne pouvais rien y faire), je me surpris à retrouver cette attention vitale au ton et au timbre de sa voix, à ses pauses et ses silences, que j'avais développée à l'hôpital des anciens combattants. Lorsque nous en vînmes à la description de ces symptômes, j'eus la confirmation de ce que cette écoute attentive m'avait déjà amené à conclure : que sa dépression s'était aggravée d'environ 20 %.

Les plus doués pour la vie sociale – et je n'en suis pas – font cela tout le temps. Ils savent parfaitement extraire de l'avalanche permanente d'informations celles qui vont leur permettre à coup sûr de comprendre ce qui se joue dans chaque moment. Mais même avec une capacité de charge limitée, la connexion humaine finit toujours par se faire. Il suffit de lui laisser le temps.

*

« J'ai envie de vous en dire plus » me dit Aynur, alors que nous fermions la porte de mon bureau. Le couloir était désert, la moquette triste et fatiguée. « Ce serait bien de se parler encore, mais je sais que cela ne sera pas possible. C'est dommage. Je sais que vous n'avez plus le temps, mais juste une chose : il faut que je vous raconte ce qui m'est arrivé le matin du jour où je quittais l'Europe. Je me suis intéressé non pas à un homme, mais à une fille.

Il était six heures du matin. Je terminais mon thé dans mon petit appartement, m'apprêtant à partir pour l'aéroport. Je prenais mon temps, je faisais mes adieux, en quelque sorte. On ne voyait pas la ville, mais juste les immeubles grisâtres de l'autre côté de la rue. Je disais au revoir à Paris. Ce que j'y avais vécu m'avait beaucoup changé, et les médecins français m'avaient sauvé la vie. Et c'est dans cette lumière blafarde du petit matin, au milieu de mes rêveries, que j'ai vu une petite fille de dix ou onze ans, la tête enveloppée dans un foulard, apparaître au balcon.

Je l'avais déjà remarquée, elle et sa famille. Elle avait une petite sœur. Elle vivait avec son père et sa mère qui portaient des vêtements traditionnels. Je n'aurais pas su dire d'où, mais ce n'étaient pas les habits habituels des Français. Mais je ne l'avais jamais vue seule, et encore moins si tôt le matin. Elle regarda vers l'est, puis jeta un œil dans son appartement où tout était éteint. Elle avait l'air sérieuse et concentrée. Elle n'était pas là pour admirer le lever du soleil.

Puis elle est allée jusqu'au bout du balcon, et tourna le dos au soleil. Je retenais ma respiration. Je tremblais pour elle. J'avais si souvent envisagé de sauter, moi aussi.

Elle prit un téléphone, réfléchit un moment, puis tendis le bras qui portait l'appareil. Son attitude changea. Elle prit un sourire de star et son visage étincelait des rayons du soleil levant. Ce n'était qu'un selfie. Elle s'est recroquevillée dans un coin, contemplant pendant une minute au moins la photo qu'elle venait de prendre sur son téléphone, jetant de temps à autre un regard à son reflet dans la grande baie vitrée qui donnait sur l'appartement.

Je l'ai observée une dizaine de minutes. Elle allait et venait entre ses deux positions, tantôt prenant crânement la pose, tantôt recroquevillée sur elle-même pour regarder son téléphone. Debout, elle a fait des selfies en tirant la langue, en faisant une grimace de canard, ou en faisant un signe de *peace and love* appuyé. Puis elle se renfermait sur elle-même, absorbée dans la contemplation de l'image qu'elle venait de faire d'elle même. Elle avait l'air si concentrée, si contente de ce moment volé. Peut-être devait-elle faire vite, pendant que sa mère prenait sa douche ? Et son manège s'est poursuivi ainsi, passant d'une attitude à l'autre en une seconde, presque comme un automate. Je l'avais toujours prise pour une petite fille jouant avec sa poupée et voici que je l'observais mue par une tout autre force, qui n'avait plus rien d'enfantin.

Elle a fini par se lasser. Elle s'est glissée dans l'appartement et a disparu comme elle était venue.

J'ai ressenti un mélange de profonde tristesse, de joie et de jalousie, tout cela entremêlé. Y a-t-il un mot en anglais pour décrire cela ? Il en faudrait un. J'avais déjà ressenti cela, ce curieux mélange de trois sentiments.

La jalousie. Bien que nous ayons en commun la jeunesse, le sexe, et la religion, nos cultures étaient vraiment trop différentes. Elle avait l'air douée, enjouée, espiègle, commençant sa journée comme je ne pourrais jamais le faire. J'étais trop profondément liée aux miens, à mon pauvre peuple emprisonné et torturé.

La joie. Parce que j'étais contente pour elle de la voir se construire une vie, de se tisser une nouvelle manière d'être, d'avancer sur la route de son indépendance, en s'éloignant de ses origines.

La tristesse. Parce que ses parents ne sauraient jamais ce qui s'était passé sur le balcon, comme j'avais pu le voir, moi, parfaite étrangère. C'était ce moment poignant et secret d'une enfant entrant dans l'âge adulte. Ma tristesse était aussi quelque peu égoïste : même si je m'étais senti profondément relié à elle, je ne pourrais jamais la connaître vraiment. Depuis mon tératome, je me sentais toujours vulnérable. Vulnérable à tout.

Je l'avais connue en même temps que je la perdais. Je n'existais et n'existerai jamais pour elle. C'est difficile à dire. Je l'avais connue profondément, même si ce n'était que pendant quelques minutes, et maintenant je l'avais perdue. Je ne sais pas pourquoi, mais j'aurais envie de la retrouver.

Chapitre 4

Peau coupée

« Aussi prête à éprouver la souffrance qu'à l'infliger, à ressentir le plaisir qu'à en donner, sa vie était une perpétuelle expérience – depuis que les remarques de sa mère l'avaient fait filer en haut de l'escalier, depuis que son unique sentiment de responsabilité avait été exorcisé sur la rive du fleuve, quand l'eau s'était refermée. La première expérience lui avait appris qu'on ne peut compter sur personne ; la seconde qu'il n'existait pas non plus de soi sur qui compter. Elle n'avait pas de centre, de noyau autour de quoi se former. »

Toni Morrison, *Sula*[*]

Henry, 19 ans, avait été trouvé nu à l'arrière d'un bus de campagne. Il avait déclaré aux secours qu'il imaginait manger des gens, et se voyait se gavant de chair humaine et trempant dans le sang. Rapidement transporté vers notre service d'urgence psychiatrique, il me livra une version plus compréhensible, et plus universelle, de son histoire. Il me parla d'un chagrin d'amour, qui l'avait conduit à l'arrière de ce bus, à des pensées suicidaires, et à moi.

---

* Traduit de l'anglais par Pierre Alien (10/18, 1993).

Sans même penser à un diagnostic – il y avait bien trop de possibilités – je laissais mes pensées évoluer librement, imaginant ce moment magique du début d'une idylle, survenu trois mois plus tôt, que m'avait décrit Henry. Shelley, vêtu dans son manteau de fourrure coupé court, s'était agenouillé sur la banquette défoncée d'un vieux bus de campagne, penchée vers lui, et l'avait embrassé au moment même où un rayon de soleil traversait la brume de la forêt. Habitué au froid humide des forêts de séquoias en ce début de printemps, il avait été surpris et envoûté par cette soudaine chaleur sur sa peau à travers la vitre du bus. La chaleur excitante de Shelley, de ses lèvres écarlates et affamées, fit entrer comme un soleil en lui. Elle le reliait à tout, et à tout en lui.

Mais là, pas trois mois plus tard, tout était à nouveau perdu. Et le soleil de midi était redevenu glacial. Henry me mimait ce qu'il avait fait – croisant étroitement ses mains devant ses yeux – pour ne pas la voir quitter au volant de sa voiture cette cafétéria où elle lui avait annoncé la rupture, deux jours auparavant. Il avait voulu se forger comme un bouclier pour ne pas voir le rouge des feux arrière de sa voiture qui l'emmenait rejoindre un autre. Henry n'en gardait rien. Il n'avait plus le moindre lien à elle, ni semble-t-il à personne.

La fixation de Henry sur cette scène me semblait une défense maladroite et immature, plus celle d'un gamin que d'un jeune homme. Il rejouait cette scène dans la salle 8 des urgences psychiatriques, très attentif à mes réactions. Alors qu'il levait les bras, les manches de son large sweatshirt descendirent jusqu'à ses coudes, révélant sur ses avant-bras des marques toutes fraîches, nettes et brutales, de rasoir qui y avaient tracé comme des parallélogrammes. Un manque immense, une détresse insondable surgissait, semble-t-il de manière imprévue. Cette peau déchiquetée rendait soudain visible le vide causé par le départ de l'être aimé.

Une image survint dans mon esprit, qui m'orientait vers quelques mots de diagnostic. Toutes les bizarreries de ses symptômes commençaient à s'assembler, à se croiser pour faire sens : ses pensées de violence sanguinaire à l'égard des autres, la découpe de son propre corps, son attitude extravagante dans le bus, et même sa manière de se couvrir les yeux pour ne plus voir Shelley.

Ces quelques mots étaient *trouble de la personnalité limite**. C'est l'expression qu'utilise aujourd'hui la psychiatrie, mais qui pourrait changer et s'appeler par exemple *syndrome de dérégulation émotionnelle* ce qui reflèterait mieux les symptômes, pour désigner une partie fondamentale, universelle et invariante de l'homme. Ces trois simples mots me permettaient d'éclairer le chaos dans lequel se débattait Henry, de comprendre la position de son esprit à la limite entre le réel et l'irréel, le stable et l'instable. Il voulait empêcher la lumière de lui apporter cette information si violente, protéger le plus profond de son esprit, affirmer son contrôle sur ce qui s'écoulait dans son corps, de l'autre côté de la barrière de sa peau.

Même si chaque cas est différent, même si je n'avais jamais rencontré une combinaison de symptômes comme celle d'Henry, une idée émergeait, de plus en plus précise, à mesure qu'il répondait à mes questions. Il finit par recracher son fantasme de manger des hommes qui avait tant choqué les secours. Il n'avait jamais fait de mal à personne, mais il lui arrivait de haïr des inconnus dans la rue simplement parce qu'ils étaient des êtres humains. Lorsqu'il voyait quelqu'un, il voyait son intérieur, et leur intérieur au sein de lui-même.

Comme pour retrouver la chaleur de ce rayon de soleil inattendu qui avait accompagné le baiser de Shelley, il s'était dénudé à l'arrière du bus pour offrir toute sa peau à cette sensation. Il voyait du sang partout, il nageait, plongeait, de noyait dedans. Il y en avait là assez pour que la police le conduise – c'est la procédure 5150 – de force aux urgences psychiatriques.

Certaines personnes qui arrivent par la procédure 5150 cherchent à tout prix à éviter l'hospitalisation. D'autres, au contraire, la recherchent. Mon rôle consistait à faire comprendre que l'hôpital était bien réel, et d'évaluer l'urgence vitale. En tant que psychiatre, je devais prendre une décision binaire : soit laisser Henry repartir, soit l'hospitaliser de force dans une unité fermée, pour une durée maximale de trois jours.

Maintenant que j'étais parvenu à un diagnostic, il me fallait réfléchir à mon rapport, mener quelques examens complémentaires pour cela, et mettre au point une prise en charge. Tout cela partait de ses premiers

* L'expression anglaise *borderline* est aussi de plus en plus utilisée dans le vocabulaire de la psychiatrie francophone.

mots. Je repris les notes que j'avais prises au moment où j'étais entré dans la vie de Henry.

*

Avant que l'argent du boom de la tech n'inonde notre région, entraînant la modernisation de notre service d'urgence, la petite salle 8 avait vu passer durant vingt ans bien des patients psychiatriques en phase aiguë de la Silicon Valley. Bien des gens qui ont conçu et créé notre monde connecté sont passés à un moment ou un autre par cette petite salle sans fenêtre de la taille de toilettes. La vallée était leur pays, cet hôpital le leur, et la salle 8 le lieu où se rendre pour des soins psychiatriques d'urgence. Elle offrait ainsi une fenêtre sur les personnalités les plus humaines et les plus vulnérables de la vallée. Ce que l'on voit d'une maison par ses fenêtres est toujours important.

La salle 8 était ombre et étroite, tout juste assez grande pour y faire entrer le brancard. Un garde aimable et élégant était posté à son entrée. À l'intérieur, il n'y avait qu'une chaise pour le psychiatre, placée le plus près possible de la porte. Les situations que rencontrent les urgentistes de la psychiatrie sont imprévisibles, et ils sont formés à toujours anticiper leur fuite au cas où l'entretien tourne mal.

C'est ce que j'avais fait la première fois que je reçus Henry. Il était plus grand et plus fort que moi, peu sportif mais musclé, et son visage semblait se tordre de dégoût à ma vue. J'essayais de rester impassible, mais j'avais l'estomac noué. Lorsque j'étais entré dans la pièce, j'avais laissé la porte ostensiblement ouverte, m'étais présenté et lui avais demandé ce qui l'amenait là. Dans le brouhaha de la salle d'urgence, il avait alors prononcé les premiers mots de son monologue, ceux dont j'avais appris lors de ma formation médicale qu'ils devaient aussi ouvrir mon rapport d'examen.

Les psychiatres commencent toujours par exercer la médecine générale, traitant des pancréatites, des crises cardiaques, des cancers, et toutes sortes de maladies affectant l'ensemble des organes, avant de se spécialiser sur le cerveau. Durant cette année d'internat de médecine générale, on apprend à consolider les usages et les rituels médicaux, en particulier la juste manière de transmettre les informations sur le patient que l'on a examiné au chef de service. La séquence canonique commence par la sainte trinité âge, sexe et symptômes allégués par le patient, en d'autres termes les raisons avancées par le patient, dans son propre langage, pour cette consultation. On commence par dire *femme de soixante-sept ans se plaignant depuis deux semaines d'une toux s'aggravant* avant de passer à l'historique du dossier médical, à l'examen physique et aux résultats d'analyse. Une des raisons de ce rituel est qu'il permet de se focaliser sur une question, ce qui est particulièrement important chez les patients atteints de plusieurs pathologies chroniques.

Mais ces coutumes médicales ne sont pas toujours faciles à appliquer à la réalité de psychiatrie, surtout lorsque l'on débute. Il faut un certain temps, où l'on a l'impression de réapprendre entièrement la médecine, pour transformer ce que disent les patients en premières lignes d'un rapport médical : *homme de vingt-deux ans, se plaignant de « ressentir mes énergies en lui » ; femme de soixante-quatre ans, se plaignant « d'avoir besoin de Xanax pour pleurer en thérapie » ; homme de quarante-quatre ans, se plaignant « de ces enfoirés qui cherchent à le contrôler, et qui peuvent tous aller se faire foutre »*. Nous transcrivons tout cela, quoi qu'ils disent.

J'avais consciencieusement noté, à propos de Henry, sa réponse à ma question de ce qui l'amenait là, qui devint la première ligne de mon rapport : *homme de dix-neuf ans amené pas la police, se plaignant que son père lui ait dit « si tu te tues, ne le fais pas à la maison, car ta mère me le reprocherait »*.

Je me souviens que de nombreuses questions m'étaient venues à l'esprit à ce moment, mais Henry ne m'avait laissé aucune pause pour les poser. Il avait ouvert les vannes de la parole, et ses mots s'écoulaient, de manière fluide et organisée, rétrospectivement tout à fait compatible avec le diagnostic de troubles limite. Il attribuait son désespoir suicidaire à cette rupture amoureuse, à la perte de cet amour parfait qui avait commencé quelques mois plus tôt par un baiser à l'arrière d'un bus et s'était achevé deux jours auparavant sur le parking d'une cafétéria de Santa Rosa. Il avait ensuite relié à cet évènement sa courte et douloureuse odyssée des deux journées qui venaient de s'écouler, durant laquelle il s'était méthodiquement scarifié, s'était rendu chez son père pour lui montrer les résultats et, après que celui-ci lui eut prononcé cette phrase qui l'avait tant frappé, s'était mis désespérément à la recherche d'un bus, obsédé par l'idée de ressentir à nouveau ce qu'il avait éprouvé avec Shelley. Au passage, Henry avait raconté le divorce de ses parents lorsqu'il avait trois ans, et un souvenir d'enfant grimpant sur les genoux de sa mère en hurlant qu'il ne voulait pas de ce nouveau papa, tandis que sa mère restait impassible et indifférente aux larmes de son fils. Il avait décrit sa vie dans ce divorce chaotique, durant lequel ceux qui s'aimaient le plus étaient devenus ceux qui se haïssaient le plus. Toutes les valeurs humaines, positives comme négatives, s'étaient inversées, de manière inexplicable et irrémédiable. Il avait dû apprendre à vivre dans les deux mondes distincts de deux maisons qui ne pouvaient rien échanger, à ne jamais parler de l'un à l'autre, à se créer deux réalités distinctes et incompatibles pour survivre.

Et il avait fini, avant de retomber dans le silence, par me confier les visions qu'il avait décrites aux secours, ces images de sang et de cannibalisme, sa révulsion des autres humains qui n'était pas un besoin d'isolement, mais un véritable dégoût de l'humanité tout entière.

Plus jeune, j'aurais pu me tromper de diagnostic et conclure à une schizophrénie ou une dépression psychotique, qui se manifestent aussi par cette coupure d'avec le réel. Mais Henry était lucide et ses pensées organisées. Il n'était pas coupé du monde. Seules les personnes limites peuvent aller et venir de la réalité à sa distorsion malade, comme s'ils parlaient deux langues, avaient deux pays, ce qui leur permet de faire face à une réalité hostile et imprévisible.

On peut parfois avoir l'impression que les frontières du moi ne sont pas nettement définies chez les patients limite, que le moi et l'extérieur du moi ne sont pas des entités constantes et bien établies. Ils semblent ne pas comparer sereinement les différentes attitudes possibles, ce qui les conduit à des réactions radicales et sans nuances, comme d'être obsédés par des catastrophes très peu probables, ou d'adopter des choix extrêmes dans les échanges humains ordinaires. Tout se passe comme s'ils étaient restés à un stade primitif de conception de ce genre de monnaie commune qui permet de comparer la valeur des différentes actions humaines, et ainsi de guider les sentiments et les actes de manière raisonnable.

Mais ces réactions extrêmes et apparemment infondées (que l'on peut aussi rencontrer dans d'autres troubles, et chez n'importe qui de manière occasionnelle) sont aussi une stratégie pratique de survie aux traumatismes de la petite enfance qu'ont vécus beaucoup de patients limites, pour qui il n'existe pas de système de valeur unique et cohérent donnant sens au monde. D'autres aspects du développement de leur personnalité semblent aussi gelés à des phases très précoces, comme l'utilisation chez l'adulte d'objets transitionnels, comme les doudous ou les peluches qui permettent à l'enfant, lorsqu'il les serre contre lui, de sécuriser son environnement où qu'il se trouve dans un monde où il ne connaît aucune sécurité. La manière dont Henry s'était caché les yeux pour ne pas voir le départ de Shelley était aussi une défense d'enfant, une tentative de bloquer une réalité insupportable plutôt que d'y faire face. Tous ces comportements sont d'abord dérangeants pour les proches et les soignants, mais ils en comprennent le sens en y réfléchissant, et finissent par éprouver de la compassion.

Beaucoup de patients limites (ainsi que ceux qui parviennent à vivre avec certains de ces symptômes sans consulter) parviennent à garder secrète cette fragilité. D'autres se méfient de la possible révélation de ce secret, qui serait aussi une délivrance, comme s'ils ouvraient volontairement leur peau et mettaient à nu leurs bras, leurs jambes, leurs viscères. De telles blessures ne doivent pas être montrées, sauf si cela sert à quelque chose. À quel besoin répondait donc Henry en exhibant ses scarifications ? Que voulait-il dévoiler, révéler, à moi en particulier ? Les patients limite sont virtuoses dans l'art d'induire des émotions, positives ou négatives, chez autrui, et parfois avec la même intensité que ce qu'ils ressentent. Cette aptitude conduit parfois à des hospitalisations, plus ou moins intentionnelles.

Plus Henry m'en apprenait sur sa scarification, prenant grand soin de guetter mes réactions, plus il semblait manipulateur, tentant une prise de pouvoir. Je ne le considérais pas comme risquant de se suicider, ma conviction venant du caractère très démonstratif de ses gestes. Je ne pensais pas qu'il avait des hallucinations lui montrant du sang, pas plus qu'il ne voulait manger des gens. Il n'était pas non plus criminel ou dangereusement asocial. Tout l'entretien que j'avais avec lui montrait qu'il n'avait jamais blessé personne, pas même un animal. Et comme il n'avait jamais tenté de mettre fin à ses jours, j'en concluais qu'il ne voulait pas mourir, du moins pas à ce moment. Sa souffrance était bien réelle, mais la manière dont il exhibait sa mutilation signifiait autre chose : une tentative frénétique de s'agripper à la chaude couverture du soin et de la relation humaine, de se blottir dessous et de s'y cramponner, à l'abri de ces échanges humains qui peuvent soudain devenir si glaciaux, à la recherche de ce lien étroit qu'il ne retrouverait plus jamais. Peau contre peau. Et le visage de sa mère toujours impassible.

J'avais beaucoup de travail, d'autres patients à recevoir, de transferts d'autres hôpitaux à organiser et une présomption d'hémorragie intestinale au sein de l'unité de soin fermée. Je n'avais pas beaucoup de temps, et Henry s'en était peut-être douté. Il racontait son histoire avec des ruses stratégiques, sachant bien que, s'il s'y prenait bien, je ne pourrais pas le renvoyer dans le froid et la nuit de la grande plaine alluviale de Palo Alto. Il voulait quelque chose de moi, quelque chose d'infiniment précieux : mon temps et mon énergie.

En comprenant cela, je ressentis un frisson désagréable me parcourir le dos, comme lorsque l'on tressaute suite au contact imprévu que l'on ressent par la peau. Même si je savais que sa douleur était réelle, ma compassion n'était qu'intellectuelle et médicale. Un état ancestral et profondément ancré se mettait en place en moi, qui était à l'opposé de la compassion. J'avais l'impression que mes cheveux se dressaient sur ma tête, ressentant cette vieille et furieuse sensation de mammifère qui définit notre peau, nos barrières, notre moi.

*

Chaque émotion a ses propres qualités physiques, comme le dit très bien l'expression de « coup de foudre » amoureux. La fureur de se sentir envahi s'exprime à nos frontières, c'est-à-dire sur nos peaux. Chez nos ancêtres, elle a pu prendre la forme d'une posture défensive, le hérissement des poils visant à apparaître plus gros et plus que l'on ne l'est. Mais pour ces êtres presque glabres que nous sommes devenus, ces sensations n'ont qu'un usage interne, comme un ressenti intime qui fonde et délimite notre personne. C'est ce que Henry avait induit en moi, ce sentiment ancestral que ressentaient déjà nos ancêtres il y a cent millions d'années. La peau se tend autour des follicules pileux, les poils se dressent, le corps gonfle et l'image que l'on présente au monde change : c'est moi, c'est plus que moi, prenez garde, je peux faire plus encore, je suis plus que cela.

Ce sentiment – évident, universel mais sans nom – correspond à un état intérieur à la fois positif et négatif, à un délicieux mélange de plaisir et de rage. Grandi, accru, je me sens me renforcer, prendre de la hauteur, pouvoir faire face au danger. Je dois évaluer les risques, les penser : je peux en penser les conséquences et me préparer à les affronter. La frontière est le sentiment, le sentiment la frontière. Puis mes poils qui s'étaient hérissés retombent. Je suis médecin, je suis un professionnel portant une blouse blanche dans un monde civilisé où tout n'est pas permis. La vague retombe. Le sentiment, avec sa puissance primale, reste.

J'avais déjà ressenti des choses semblables avec des patients limite mais Henry ne pouvait savoir ce qu'il me rappelait. Les bébés peuvent aussi provoquer des sentiments très profonds chez leurs parents, sans qu'on ne leur ait jamais appris comment faire. Henry était jeune et déscolarisé, presque un bébé. Il était un mammifère humain chassé d'un terrier détruit lorsqu'il avait trois ans, et vivant depuis dans un état limite, avec des défenses enfantines, et pourtant des outils capables de percer mes limites, de franchir mes frontières, de passer sous ma peau et d'aspirer mes ressources les plus profondes, celles de mes plus vieux états antérieurs.

La peau est une frontière perméable. Chez l'embryon, elle est produite par l'ectoderme, notre première limite, la plus fondamentale, formée d'une couche de cellules qui sépare le soi du non-soi. Nos sensations, notre vigilance frontalière permanente à ce qui nous sépare du monde sont construits par l'ectoderme, et ses organes internes à la peau qui détectent le toucher, les vibrations, la température, la pression et la douleur. Le cerveau lui-même, quoi qu'interne au corps, est construit à partir de l'ectoderme, qui est donc à l'origine de toutes les frontières d'un individu, tant psychologique que physique.

Les cheveux et les poils sont aussi construits par la peau. Il est probable qu'ils proviennent des vibrisses, ces fibres du museau captant le toucher qui existaient déjà chez nos plus lointains ancêtres, qui cohabitèrent durant quarante millions d'années avant les dinosaures avant que ces derniers ne disparaissent soudainement à la suite d'un impact de météorite qui plongea le monde dans l'obscurité, laissant les premiers mammifères parmi les rares survivants de cette crise massive d'extinction survenue il y a soixante-cinq millions d'années. Ces vibrisses permettaient notamment de se repérer dans l'obscurité grâce au museau, qui pouvait ainsi savoir si un passage souterrain était assez large pour que l'animal s'y cache et y trouve la chaleur intime et protectrice de la terre.

Tandis que les vibrisses devenaient plus épaisses et plus denses, permettant des sensations toujours plus riches lorsque nous vivions dans nos terriers, nous commençâmes à explorer une nouvelle manière de constituer des limites grâce à l'isolation thermique par les poils qui connut un rapide succès évolutif. Les mammifères souterrains qui avaient des vibrisses sensorielles plus denses conservaient aussi mieux leur chaleur interne, ce qui était un avantage pour des animaux à sang chaud dans un monde refroidi par l'impact de la météorite.

Il fallut des millions d'années pour que ce qui était à l'origine conçu pour être un organe sensoriel de la peau se répande sur l'ensemble du corps, où il allait adopter encore de nouveaux usages. Par exemple la possibilité de hérisser les poils du cou et du dos en cas de menace pouvait jouer le même rôle que le signal d'alarme du serpent à sonnette : nos plus anciens organes internes à la peau devenaient comme des sentinelles avertissant d'une invasion, supposant ainsi une nouvelle topologie, une nouvelle conception du monde extérieur. Comme le signal du hérissement des poils était destiné à avertir un autre individu, il induisit aussi quelque chose de nouveau du point de vue du ressenti interne, une des spécialités de nous autres mammifères. Le signal acquérait une nouvelle dimension, très utile pour le soi. Les poils, organes périphériques de la peau très éloignés du cerveau, devenaient capables d'informer sur les menaces, tant psychologiques que corporelles, pesant sur l'intégrité personnelle, et de signaler cette invasion tant à soi-même qu'au monde extérieur.

Il se trouve que l'humanité a à présent perdu l'essentiel de ses poils, mais ce sentiment, subtil mélange de force et de menace, nous est resté.

Il est peut-être le premier état intérieur typique des mammifères, authentiquement primal, né il y a si longtemps dans l'obscurité des terriers.

Nous ressentons et définissons nos limites par la peau. Elle nous rend vulnérable, nous fait perdre notre chaleur interne. Elle est le point de contact obligatoire de l'accouplement. La peau joue de très nombreux rôles, dans toute sa diversité et ses contradictions. Sur notre face ventrale, cette partie-là plus molle du corps qui va de la gorge au pelvis en passant par l'abdomen – qui dérive de la partie du corps de nos ancêtres quadrupèdes qui regardait toujours le sol –, le flux sanguin va vers la surface, la fait gonfler et rougir, dans un but fonctionnel. Mais le sentiment rageant de sentir nos limites violées qui fait dresser nos poils se ressent et s'exprime sur la face dorsale du corps, comme chez les chats et les loups. Le dos est devenu la partie la moins visible de notre corps, la moins exposée dans la communication qui passe par le visage, mais nos poils du cou et du dos continuent à se hérisser.

Lorsqu'ils l'éprouvent en consultation, certains psychiatres notent leur sensation de sentir les poils se hérisser, signalant ainsi une menace pour l'intégrité, ce qui les aide à diagnostiquer les troubles de la personnalité comme les limites. Ce petit truc, rarement enseigné, fait de la psychiatrie plus un art qu'une science, un art de ressentir les sentiments négatifs qu'induit en soi un patient, de penser que d'autres ont dû les ressentir en rencontrant ce patient, et d'en tenir compte dans le traitement. Un vestige évolutif peut devenir, avec tous les risques que l'on imagine y compris celui de se tromper, un outil diagnostic, lorsque le médecin expérimenté comprend que les difficultés à vivre de son patient sont liées au fait qu'il induit chez les autres cette réaction défensive instinctive.

Cette approche peut aussi s'appliquer aux sentiments positifs. Pour le meilleur comme pour le pire, le patient ou le psychiatre peuvent se retrouver à jouer un rôle qui a déjà été joué dans la vie de l'un ou l'autre. Par hasard ou de manière délibérée, on peut se trouver à occuper exactement une place déjà existante, et la relation thérapeutique en est renforcée à condition que ce transfert soit identifié et maîtrisé pour qu'il n'interfère pas avec les soins. Rétrospectivement, c'était sans doute inévitable : à la fin, Henry a lâché une phrase qui m'a fait se reconnecter à lui, peut-être par hasard, ou parce qu'il m'avait parfaitement saisi. J'allais vers la fin de la consultation, persuadé qu'il n'y avait pas de risque suicidaire mais hésitant encore à décider d'une hospitalisation, lorsqu'il dit : *je veux juste que mes parents soient ensemble.*

Là, en dépit de ses ruses et de ses manœuvres, il disait vrai. Il disait ce qui lui importait vraiment. Cet espoir latent de recoller les morceaux du moi. Père célibataire, j'entendais mon fils, et ressentais à nouveau la dislocation de notre foyer, lorsqu'il avait deux ans.

Conscient du transfert, sachant que je ne pouvais pas grand-chose pour lui, j'admis Henry selon la procédure 5150, remplis les papiers et appelais les soignants en leur recommandant de le tenir au chaud.

*

Les états limite, en général résistants aux médicaments, se manifestent par un mélange déconcertant de symptômes qui semblent sans rapport entre eux : une peur panique de l'abandon, des variations soudaines d'humeur, des sentiments irrépressibles de vide, des comportements bizarres en public, des visions morbides. Le suicide est plus fréquent chez ces patients que dans n'importe quel autre trouble psychiatrique. Les automutilations non suicidaires, comme les scarifications, sont très souvent présentes, et semblent même recherchées par les patients. C'est un comportement que peu de gens peuvent vraiment comprendre, mais comme les scarifications sont fréquentes, elles doivent nous dire quelque chose de nous, de notre humanité.

Contrairement aux schizophrènes, que la bizarrerie de leurs symptômes pousse vers l'exclusion et l'isolement, les patients limite vont souvent vers l'autre, recherchent le contact, du moins au début. Les automutilations, comme celles de Henry, peuvent être interprétées en ce sens, mais elles ont aussi une autre fonction, interne, pour le patient lui-même. Ils souffrent aussi d'une autre douleur, d'une autre nature, et l'automutilation pourrait soulager cette blessure plus profonde.

Beaucoup de ces patients portent un fardeau qu'ils n'ont pas mérité, souvent lié à des traumatismes psychologique ou physique du plus jeune âge, souvent infligés par les personnes qui prennent soin de l'enfant. La source de chaleur de Henry, ce nid douillet familial dans le froid des forêts de séquoias, avait non seulement été perdue, mais aussi retournée, renversée dans ses valeurs. Quoi qu'il se soit réellement passé avec ses parents, Henry pensait et comprenait qu'il avait beaucoup souffert lorsqu'il était très jeune. Mais lorsque ceux en lesquels on a le plus confiance deviennent imprévisibles ou dangereux, des limites sont franchies et toutes les valeurs sont renversées. Une étrange logique nouvelle, un nouveau calcul est nécessaire pour apprendre à survivre. L'enfant doit rester en lien avec les personnes qui s'occupent de lui. Il est prêt à tout, ou presque, pourvu qu'il trouve de la chaleur. Un monde brisé entraîne une vie émotionnelle brisée où rien n'est stable et où les relations humaines deviennent curieusement dialectiques, tour à tour recherchées à tout prix et à fuir de toute urgence. Dans un tel contexte, la faculté à évoluer dans deux réalités différentes, la sienne et celle des autres, peut devenir utile.

Ces symptômes variés sont bien corrélés entre eux, d'une manière que peuvent calculer les épidémiologistes. Chez les patients limite, un traumatisme durant la période de dépendance (c'est-à-dire lorsque des soins et de la chaleur sont indispensables) est un facteur prédictif d'automutilations non suicidaires plus tard. Chez l'homme, la période de dépendance est très longue. Nos cerveaux complexes sont longs à bâtir, et il nous faut assimiler la tour de Babel des usages et des croyances humaines, ce qui est plus facile pour un cerveau d'enfant, rapide et enclin à la confiance. Même la construction de l'infrastructure fondamentale du cerveau – l'isolation des grandes voies de communications électriques par la myéline qui confère à la matière blanche cérébrale sa couleur – dure jusque vers l'âge de vingt ans, et même au-delà. Comme primate autant que comme humain, nous exposons nos peaux, dans toutes leurs acceptions, du derme aux neurones, des limites au cerveau, le plus que nous pouvons.

L'évolution qui a fait de nous des êtres humains a entraîné un impressionnant allongement de l'enfance, qui a étendu dans le temps la période de dépendance et de vulnérabilité. Les limites de l'enfance ont été repoussées bien au-delà de l'espérance de vie moyenne de nos ancêtres à leur naissance, jusqu'à l'âge de la fertilité et même plus tard. Les hôpitaux universitaires sont peuplés de petits groupes d'étudiants en médecine en blouses blanches, jeunes adultes mais toujours en apprentissage, à la recherche de l'amour, et ce qui affleure de leur peau et de leur moi est la fragilité plus que l'autorité.

Même si nous savons pourquoi notre période de vulnérabilité est si longue, nous ne comprenons pas la biologie des troubles limite de la personnalité au niveau des cellules ou des circuits neuronaux. Comme toujours, une approche scientifique de ces questions suppose de les simplifier en une unique question, observable et mesurable. Le bénéfice que l'on peut tirer de la douleur et de l'automutilation – même si cette dernière n'est pas propre aux troubles limite – est lié à cette pathologie, et est même un élément clairement mesurable de cet état intérieur humain à la fois si puissant et si altéré.

Qu'est-ce qui fait qu'un homme se tranche la peau ? C'est une question difficile, mais on peut l'envisager de manière plus générale : qu'est ce qui fait que quelqu'un fait quelque chose ? Selon les circonstances, la réponse peut être le réflexe, l'instinct, l'habitude, la volonté d'éviter une gêne ou une douleur, la recherche du plaisir, la convoitise d'une récompense… mais on peut aussi imaginer un monde où tous les comportements sont guidés par la douleur, ou la volonté de l'éviter. Nous sommes souvent motivés par la recherche d'un sentiment positif, mais la motivation des actions d'un individu peut aussi être de mettre fin à un malaise interne.

Les comportements d'un individu ignorant le plaisir et ne recherchant qu'une atténuation même temporaire de sa souffrance suffiraient-ils à assurer sa survie ? Sans doute, si ce comportement est orienté vers la reproduction et offre un soulagement. Si des dieux avaient inventé cette stratégie pour leurs créations, elle aurait fonctionné. Mais à quoi ressemblerait un être humain qui ne serait que souffrance psychique ? Que ferait-il ? Quelles actions entreprendrait-il pour la mettre à l'écart ou la réduire ?

Nous pouvons mettre le plaisir de côté mais nous ne pouvons ignorer la souffrance. De ce fait, elle est peut-être une force encore plus puissante pour diriger nos comportements. Réduire ou oublier un temps la douleur peut être la motivation pour se lever le matin, pour voir des amis, ou pour s'occuper de ses enfants, même si tout cela pourra paraître convenu. Ces actions, avec leur style, leur rythme, leur mélodie propres, pourront sembler bizarres et hors de propos, typiques d'une vie minimale d'un être à l'agonie. Mais une telle existence est une réalité pour certaines personnes. Elles ne sont pas si différentes des patients limite, nos frères et sœurs, nos fils et filles, qui portent le terrible fardeau des états intérieurs négatifs.

Une telle manière de voir les choses peut aussi ouvrir des espoirs pour la compréhension et le traitement, car les états intérieurs et les systèmes de valeur peuvent être modifiés. Lorsqu'un être grandit, que son environnement change, que l'espèce à laquelle il appartient s'adapte et évolue, la valeur attribuée aux différentes parties du monde – par exemple l'importance d'avoir ceci ou d'être là – s'adapte elle aussi. Cette valeur interne est une unité monétaire comme les autres, qui ne doit pas être fixée définitivement sous peine d'empêcher toute évolution. Il faut au contraire la définir par décret – ceci est bon pour la survie – facilement, précisément et rapidement. À mesure que les dimensions du soi et de la vie change, ce qui était au début un danger existentiel – et même une menace pour la vie, un prédateur – se transforme en petit souci ou même en quelque chose que l'on va rechercher. Ce qui effrayait va devenir la proie poursuivie dans l'excitation et la joie.

Changer de valeur, quelle que soit l'échelle de temps – rapidement lorsque l'on a une illumination soudaine, plus lentement avec l'âge et la maturité, plus lentement encore avec l'évolution du monde et des espèces – nécessite une adaptation qui passe par un ajustement des taux de change interne de ces monnaies concurrentes que sont la souffrance et la récompense. Ce que vivent les patients limite, et ce que montrent les neurosciences modernes, indiquent que la valence – le signe positif ou négatif d'une expérience, qui devient ainsi bonne ou mauvaise – est faite pour être changée.

*

Les neuroscientifiques savent à présent grâce à l'optogénétique régler ces taux de change, ajuster précisément quelle probabilité a un animal de faire telle ou telle action. Selon les circuits ciblés, on peut ainsi rendre un animal plus ou moins agressif, social, actif sexuellement, affamé, assoiffé, ou agité. Il suffit pour cela de faire en sorte que quelques pics d'activité surviennent dans une poignée de cellules ou de connexions bien choisie.

En observant ces comportements changer presque instantanément, passer d'un but à l'autre, d'un système de valeur à l'autre, un psychiatre ne peut s'empêcher de penser aux patients limites. Ces individus peuvent réagir très vite en modifiant du tout au tout leurs valeurs, par exemple en qualifiant une nouvelle connaissance ou un nouveau psychiatre de meilleur ami ou de meilleur médecin. Mais cette catégorisation positive affirmée avec tant de force peut être annulée en un instant. Il suffit d'une phrase mal perçue du médecin, d'un geste de l'ami qui déplaît, pour qu'ils passent des meilleurs aux pires.

Ces inversions binaires sont parfois attribuées à des attentions manipulatrices, mais mon point de vue, et je ne suis pas le seul à l'adopter, est que ces états très labiles sont réellement, et même très puissamment, ressentis. Ces réactions extrêmes reflètent des sentiments du tout ou rien adaptés à l'expérience d'une vie incertaine. Les capacités de survie d'un enfant traumatisé – même si cela n'explique pas tous les états limites – se transforment en mode de vie d'un adulte vivant dans une sorte de négativité chronique, qui cherche en toute chose à échapper aux hurlements incessants des souffrances de sa douleur interne.

Plusieurs structures profondes du cerveau peuvent être impliquées dans ces effets. Certains de ces circuits, notamment les cellules à dopamine du tronc cérébral, ont une influence très étendue, ayant des connexions avec à peu près n'importe quelle région du cerveau, y compris les régions frontales les plus récentes évolutivement où s'opèrent les opérations cognitives complexes et la prise de décision, mais aussi les régions plus anciennes responsables des comportements de pulsion de survie les plus rudimentaires. Ces cellules dopaminergiques peuvent aisément attribuer une valeur positive ou négative même à des objets ou des lieux sans qualités particulières. Si un flash de lumière induit, par optogénétique, la diminution de l'activité électrique des neurones à dopamine du mésencéphale chaque fois qu'une souris entre dans une pièce neutre, l'animal se met à l'éviter comme si cela lui causait une intense souffrance.

Cette expérience repose sur un processus naturel. L'habenula, une structure cérébrale si ancienne que nous la partageons avec les poissons, et qui est active dans les situations décevantes, sans espoir et profondément négatives, module l'action des neurones à dopamine du mésencéphale, exactement comme dans l'expérience optogénétique. Ce circuit est donc capable de créer et imposer une valence, positive ou négative.

Le fait d'être laissé sans soin, et le stress que cela induit, dans les premiers moments de la vie augmente l'activité de l'habenula. Les patients limites pourraient être enfermés dans une négativité permanente et incontrôlée induite par la connexion de l'habenula aux neurones à dopamine, ou tout autre circuit de ce type. Habitué à un niveau permanent de douleur, ils ont reçu une dure leçon sur ce qu'est le monde, si dure qu'elle ne peut être intériorisée que par des jeunes.

Se couper la peau pourrait être une manifestation de cet état intérieur négatif des patients limites. Ce comportement pourrait recalibrer la négativité, introduisant une douleur violente et aiguë mais contrôlée et maîtrisée à la place de ces sentiments incontrôlables (et inexplicables) de l'enfance. Une vie de souffrance est reconfigurée, au moins pour quelques temps, comme quasi normale en comparaison de cette nouvelle sensation que l'on s'inflige à soi-même. C'est ainsi qu'une négativité intense peut être recherchée, pour peu qu'il y ait maîtrise, contrôle et raisons.

Les neurosciences modernes pourraient contribuer à expliquer pourquoi Henry, et tous les patients qui lui ressemblent, vivent dans de tels états : les traumas des débuts de la vie auraient semé une prédisposition aux valences négatives dans le tissu cérébral fertile du cerveau jeune et vulnérable, y apportant à terme une profonde instabilité dans la faculté à évaluer les relations humaines. Les études sur les souris et les poissons, ces cousins avec qui nous avons d'importants ancêtres communs, montrent avec quelle vitesse et quelle efficacité des valeurs que l'on croyait absolues peuvent être changées par l'activité de quelques cellules et circuits spécifiques. Il en va certainement de même dans nos cerveaux.

Nous avons toujours en tête un récit, une histoire, un tableau pour expliquer ce que nous sommes et faisons, pour justifier notre moi et les relations qu'il entretient avec les autres. Nous avons toujours ce portrait avec nous, et nous avons aussi ceux de nos proches, famille et amis, que nous pouvons à tout moment regarder. Faire ce portrait est particulièrement difficile pour les proches d'un patient limite, pour ceux qui l'aiment le plus ou qui le soignent, car il faut imaginer et se représenter cette souffrance permanente. Avec un peu d'aide des neurosciences modernes, cette tâche est aujourd'hui facilitée, et permet presque de comprendre ce qu'est une telle vie.

Les traumatismes du début de la vie peuvent survenir chez n'importe quel animal, mais les petits humains y sont sans doute bien plus vulnérables, car ce sont eux qui ont le plus à assimiler. Notre stratégie évolutive (et culturelle) pour permettre cet apprentissage a été d'allonger l'enfance, allongeant du même coup le risque de traumatisme. Il est possible que d'autres animaux vivent parfois eux aussi dans la négativité, sans moyen d'exprimer cet état intérieur dans le monde, mais les symptômes des états limites sont bien plus apparents dans le contexte des réseaux complexes de relations sociales humaines, et de leur faculté à inventer des comportements entièrement nouveaux, comme de se mutiler. Même Henry, comme je le découvris plus tard, n'avait pas hésité au moment de passer à l'acte.

*

Henry avait plusieurs entailles superficielles sur les bras, qui cicatrisèrent et guérirent rapidement sans complication. Bien que dans un état limite, il restait doux, essayant de comprendre. Après tout, son traumatisme infantile – du moins ce que j'en savais – n'était pas si grave : un divorce de ses parents difficile, assurément, mais on avait vu bien pire.

Et pourtant la souffrance de Henry était bien réelle. Sa famille était brisée. Toutes ses expériences étaient marquées du sceau de ce désastre qui l'avait façonné, avec sa personnalité qui confondait le positif et le négatif, le blanc et le noir, la réalité et l'imaginaire, et qui recherchait toujours une impossible dialectique entre l'attachement et l'abandon, aussi immiscibles que l'eau et l'huile.

Durant les trois jours de son hospitalisation, on lui administra des soins selon la procédure bien réglée qui s'appliquent aux 5150. Le patient est mis à l'abri, on lui donne un lit, et il reçoit, selon un certain rituel, la visite de l'équipe de soignants. Ces attentions proviennent de nombreuses personnes – aides-soignants, infirmiers, internes, ergothérapeutes, psychologues, assistantes sociales et médecins –, et même des autres patients. Tous ont des raisons différentes d'être là. Ensemble, ils forment un nid protecteur complexe et improbable.

En général, un patient ne passe que quelques jours dans une unité fermée, ce qui n'est pas suffisant pour que ses cellules et circuits changent, ni pour que les thérapies produisent leurs effets sur son comportement. Pourtant, chaque matin, l'équipe médicale doit prendre une décision cruciale, de vie ou de mort. Il n'est pas facile de distinguer, parmi les 5150, ceux qui vont réellement mieux et ceux qui masquent leurs symptômes. Pour prendre nos décisions, nous ne pouvons compter que sur des interactions humaines, donc du langage, des données statistiques publiées, et l'expérience clinique. Ce n'est pas suffisant, mais c'est tout ce que nous avons pour estimer le risque et le danger. Nous ne savons pas grand-chose, mais personne n'en sait plus que nous, et c'est avec cela que nous devons décider, chaque jour, de garder ou non un patient en unité fermée.

Plus déstabilisant encore, nous savons que, légalement, la privation de liberté du patient prendra fin automatiquement au bout de trois jours, même si une mise en danger est toujours présente, et sauf nouvelles démarches. Ce délai de trois jours n'a aucune justification scientifique. Il semble tirer de la numérologie. À moins que ce ne soit de la Bible et de ses « trois jours et trois nuits dans le ventre de la bête » et « trois jours et trois nuits dans le sein de la terre ».

Si un risque suicidaire reste présent, deux semaines supplémentaires de soins obligatoires peuvent être imposés par une procédure que le code californien appelle la 5250. Mais même dans ce cas, le droit revient vite sous la forme de deux personnages pénétrant dans le territoire du psychiatre : un juge et l'avocat du patient. Le médecin, s'il considère que le patient est toujours en danger, doit entamer une procédure contentieuse pour le garder dans l'unité de soin fermée. C'est une situation très désagréable, que de voir un médecin s'opposer à l'avocat de son patient, alors que tout le sens de son métier est précisément de venir en aide à ce dernier. Ils doivent pourtant se faire face, dans une apparente civile courtoisie, mais avec une réelle intention d'en découdre.

Lorsque deux animaux d'une même espèce entrent en conflit, des mécanismes naturels, issus de circuits anciens, peuvent agir pour limiter les dégâts. Des manières de signaler sa propre taille (comme, chez les lézards ou les hippopotames, l'ouverture de la bouche au plus large) fonctionnent comme un signal permettant au plus faible de fuir pendant qu'il est temps, et aux deux d'économiser leurs forces. Cet évitement des conflits fonctionne quand il n'est pas question de vie ou de mort, comme c'est souvent le cas dans les conflits portant sur la reproduction, lorsque d'autres opportunités de s'accoupler existent. Mais si ces possibilités alternatives sont rares, la désescalade devient plus difficile. Et c'est ce qui se passe dans une consultation psychiatrique en unité fermée. L'enjeu est vraiment existentiel, de vie ou de mort, mais pas pour les combattants que sont l'avocat et le médecin. Celui qui engage un intérêt vital, le patient, attend dans une autre pièce, où personne ne lui parle ni ne lui rend visite.

Jusqu'à ma rencontre avec Henry, j'étais sorti gagnant de presque toutes ces confrontations, et étais donc confiant. Mais je compris en quelques minutes que le juge, dont les décisions sont comme celles de dieu, me donnait tort. Henry était rendu à sa liberté. Et au danger.

J'aurais pu accueillir cette décision avec indifférence si elle n'avait pas eue une telle implication pour moi. Mais j'eus beaucoup de mal à l'accepter, et je me surpris à penser et repenser encore à cette histoire. D'un point de vue objectif, je pouvais comprendre la décision du juge. Même si je m'inquiétais du fait que Henry refuse de s'engager à ne pas se donner la mort, les blessures qu'il s'était infligées étaient clairement non létales. Ce constat suffisait à convaincre le juge, et j'aurais dû en rester là moi aussi.

J'aurais également dû me réjouir que cette décision accorde une telle place à l'autonomie de l'individu, puisque je considère moi aussi la liberté comme une valeur très importante. Je comprenais – les deux parties comprenaient – que même si un plan suicidaire était secrètement préparé, le respect de la liberté individuelle avait été privilégié dans ce difficile arbitrage entre deux aspects fondamentalement si différents. Ces discussions entre liberté et protection du patient sont au cœur de ce genre d'audience. D'une certaine manière, les deux parties défendent le patient, mais pas du même point de vue. L'autonomie ou la sécurité ? On est là dans le plus ancien et le plus profond des conflits, le cœur battant des états limites.

Je me révoltais contre la décision du juge, tout en analysant mon propre conflit interne. Je voyais bien le transfert, le parallèle évident entre la vie d'Henry et la mienne – à propos de l'effondrement précoce d'un foyer –, et ne pouvais m'empêcher de penser à mon fils qui avait alors cinq ans, même s'il ne montrait à cette époque aucun signe de souffrance psychique. Après tout, ces derniers s'étaient présentés tardivement chez Henry. Il avait fallu attendre les grandes vacances de ses dix-neuf ans pour qu'il ressente la chaleur du soleil contre sa peau, qu'il visionne sur son ordinateur portable une vidéo d'une jeune fille de treize ans se scarifiant et que cette idée sonne et résonne viscéralement en lui au point de se trancher sur le champ la peau à grands coups avec le premier outil qui lui tomba sous la main et de filer chez son père.

Pourquoi voulut-il montrer ses blessures à son père ? Pour se relier à lui, par l'effroi et le sang ? Mais alors pourquoi ne pas commencer par sa mère ? Il lui en voulait beaucoup, la voyant comme celle qui avait abandonné la famille, quitté le nid. « *Mon père a dit* : *si tu te tues, ne le fais pas à la maison, car ta mère me le reprocherait* » était sa phrase clé, le signe distinctif de sa pathologie même si nous ne comprenions pas pourquoi.

Il est des mystères que l'on ne peut percer en quelques jours. C'était le cas de l'histoire de Henry qui restait obscure, qui n'avait pas réellement été racontée, faute d'un véritable lien. Durant ses deux jours et demi d'hospitalisation forcée, Henry n'avait rien dit d'important, rien sur quoi on puisse s'appuyer. Il présentait des signes superficiels d'amélioration de son état : son langage devenait moins violent, et il ne parlait plus de mourir et de se noyer dans le sang. Mais je savais qu'il pouvait présenter différents récits selon la personne à qui il s'adressait, et cela ne me rassurait pas. J'avais besoin de temps pour lui venir en aide.

Peut-être aurais-je du aborder différemment l'audience ? En Californie, les hospitalisations d'office peuvent être prolongés non seulement pour risque suicidaire, mais aussi en cas de danger pour autrui ou de graves handicaps. Mais en dépit de sa colère, Henry n'avait jamais été violent envers autrui. Ses visions sanglantes n'étaient qu'une imagerie qui lui tournait dans la tête, mais sans passage à l'acte. Le seul argument plaidable aurait été le grave handicap : en se dénudant dans le bus, il avait montré son incapacité à répondre à au moins un des trois besoins fondamentaux : se nourrir, se vêtir, et avoir un toit. Mais Henry, cela ne faisait aucun doute, savait comment satisfaire à ces besoins. Son attitude dans le bus, comme ses mutilations, étaient sérieuses mais non létales : par un dimanche matin brumeux, Henry quitta l'hôpital.

Je le regardai descendre dans le hall d'accueil par l'escalator, son sac sur l'épaule. Il n'était pas guéri, pas soigné, mais je me disais qu'il n'y avait rien de plus à faire. Son mal ne répondait pas aux médicaments, il avait voulu partir dès son admission à l'hôpital, et avait refusé de participer à un groupe spécial de thérapie comportementale. La littérature scientifique spécialisée indiquait que l'avenir de Henry serait très probablement fait de réitération d'actes à connotation suicidaire, comme ces mutilations, qui étaient pour lui, même si je ne comprenais pas pourquoi, une revanche et une récompense. Ses blessures cicatriseraient, puis reviendraient puisque se blesser volontairement lui servait à quelque chose, comme une sorte de contre-feu opposé à un incendie de souffrance dépassant toute imagination. Henry n'avait pas le choix : il allait devoir, pendant quelques temps encore, rechercher ces stigmates, rechercher autrui non pas dans le contact de peau à peau, mais dans le contact forcé entre deux soi véhiculant un petit peu de chaleur.

À plus long terme, son destin était peut-être un adoucissement de ses symptômes avec l'âge ; mais aussi un suicide, une destruction du soi, qui frappe 15 % des patients limites, soit le taux le plus élevé de toutes les pathologies. L'espoir était que ceux qui prenaient soin de lui apprennent à utiliser l'état mental qu'il induisait en eux, transformant ce sentiment ancestral d'invasion de soi en une magnification de l'image d'Henry. Une puissante empathie peut naître de l'étincelle de la colère.

Ma propre colère était retombée, même si je savais qu'il restait vulnérable et le serait toujours. Henry était proche de moi, comme les mots écrits sont proches du papier. Tout à ma volonté de soulager ses souffrances, je m'étais surtout montré à lui aisément manipulable. Pendant quelques temps, je n'ai pu regarder mon fils sans penser à Henry. Il avait inscrit son histoire en moi, comme un moine copiste écrivant des histoires de révélation et de jugement dernier sur un parchemin râpé et réutilisé qui n'est autre qu'une fine peau animale.

Chapitre 5

La cage de Faraday

« Hegel fit célèbre son aphorisme que tout le rationnel est réel et tout le réel rationnel ; pourtant nous sommes nombreux qui, non convaincus par Hegel, continuons à croire que le réel, le réellement réel, est irrationnel ; que la raison bâtit des irrationalités. Hegel, grand définisseur, eut la prétention de reconstruire l'univers avec des définitions, comme ce maréchal des logis d'artillerie qui disait qu'on construit un canon en prenant un trou et en mettant du fer autour ».

Miguel de Unamuno, *Le sentiment tragique de la vie*[*]

Ses nouvelles pensées étaient arrivées comme une saison, avec ses signes avant-coureurs. Les premières semaines, comme un début d'automne, semblaient marquées par un changement de pression dans son esprit, une saute de vent frais faisant frémir les plus hautes feuilles de sa canopée neurale.

Elle ressentait aussi ce changement sur sa peau, comme le picotement d'un premier froid d'automne. Cette sensation lui ramenait à la mémoire une scène survenue douze ans plus tôt, au bord d'un lac du Wisconsin en septembre, alors qu'avec ses frères AJ et Nelson ils

* Traduit par Marcel Faure-Beaulieu (Folio, 1997).

chassaient la perdrix. Winnie venait d'avoir dix-sept ans, après avoir passé l'été en chimiothérapie pour le soin d'un lymphome. Elle n'avait jamais vécu de moment plus intense que son retour automnal au grand air après des mois de méthotrexate. Tout, autour d'elle comme en elle, et jusque dans ses poumons et son cerveau, était imprégné de l'air si caractéristique de cette saison, clair et cristallin. En rémission, avaient-ils dit, puis une bonne convalescence. Ils avaient raison.

Mais cette fois le frémissement des feuilles induisait en elle des pensées dérangeantes, comme apportées par le vent, porteuses d'un sentiment d'ouverture mais aussi de vulnérabilité. Elle décida sur un coup de tête de s'arrêter un mois, ce qui était sans précédent pour une dure travailleuse comme elle. Son supérieur, et ses collaborateurs, s'en étonnèrent. Mais Winnie avait acquis une solide renommée. C'était même dans son métier un genre de célébrité, capable de construire à partir de rien des positions de brevets les plus robustes dans le domaine de l'intelligence artificielle, forte de sa double compétence en droit et en ingénierie et de son intelligence aiguë. Son équipe avait déposé pour ses principaux clients pas moins de mille-sept-cents brevets durant l'année qui venait de s'écouler. Mais, là, elle avait besoin d'un mois de pause. Elle avait de sérieuses questions à résoudre. Des questions qui la menaçait.

Son premier problème était Oscar, qui vivait dans un appartement mitoyen de leur grande maison de ville. Il avait installé une antenne parabolique sur son balcon, qui s'apprêter à aspirer ses pensées. Winnie avait d'urgence besoin que quelqu'un intervienne, démonte cette antenne, et arrête Oscar. Elle ne pouvait pas en appeler à la copropriété, car ils étaient certainement de mèche avec lui. Et même chose pour la police. Elle ne pouvait compter que sur elle-même, comme elle l'avait toujours fait.

Il lui vint une idée, un truc pour neutraliser l'antenne parabolique, une petite bidouille mais qui avait des chances de marcher. Elle ressortir son bonnet noir en laine avec le logo brillant des Raiders*, qu'elle n'avait plus porté depuis ses années d'étudiante à Berkeley. Elle l'enfila, jusque sous les oreilles. Et tout alla mieux, d'un coup. Il était un peu étonnant

* Les Oakland Raiders sont une des plus célèbres équipes professionnelles de football américain de Californie (NdT).

que cela marche aussi bien, qu'un logo argenté d'une équipe de football serve d'isolant contre les ondes électromagnétiques, mais cela marchait. Il était clair pour elle que le signal satellitaire ne pourrait plus venir aspirer ses pensées. Son couvre-chef serré, bien serré, délimitait la couche d'air entourant sa tête, en posant nettement les limites.

Il fallait cependant envisager des protections plus solides, en particulier doubler les murs de sa chambre par une couche de matériau conducteur, formant ainsi une cage de Faraday la mettant à l'abri des signaux satellitaires. Elle se mit sans tarder au travail, et à fréquenter le magasin de bricolage voisin pour se procurer ce dont elle avait besoin, en particulier un pied-de-biche, du grillage, des feuilles de métal et un voltmètre.

Durant cette étrange nouvelle saison, il lui arriva aussi d'autres choses curieuses. Plus difficiles à affronter. Sortant de son expertise. Plus biologiques. Erin, l'assistante de Larry, un des associés de l'entreprise, était au cœur de tout. Elle était plus jeune qu'elle, et enceinte de cinq mois. Elle l'avait clairement fait pour vue Winnie, qu'elle savait célibataire et sans enfant. Ce n'était pas très professionnel, mais gênant pour Winnie, et même un petit peu inquiétant vu la proximité d'Erin avec la direction de l'entreprise.

Face à une telle offensive, il n'y avait pas de solution d'ingénieur. Larry était le seul à pouvoir faire quelque chose. Il fallait qu'elle lui parle, et lui demande de sanctionner Erin. Durant un week-end, Winnie mit au point une incursion au dernier étage de l'immeuble de son entreprise, là où sont les bureaux des dirigeants. Elle étudia le plan d'accès, et prépara soigneusement ce qu'elle allait dire à Larry, mais uniquement intérieurement, sans utiliser son ordinateur, car il était à craindre qu'Erin ait déjà hacké tous ses comptes et lise ses courriers électroniques.

Elle noircit donc des feuilles de papier de ses plans d'incursion, mémorisant l'emplacement de tous les bureaux jusqu'à l'épuisement. Elle éprouva alors un besoin de se bouger, de faire quelque chose de son corps, et retourna à ses mesures de défense contre l'antenne parabolique. Durant plusieurs jours, elle gratta les cloisons, enlevant tous les isolants pour vérifier que rien n'était derrière, et les remplaça par une nouvelle couverture métallique.

Puis le changement de saison s'accentua encore, marqué par de nouveaux venus franchement inquiétants. Au bout de deux semaines de vacances, elle prit conscience de la présence des vampires de données, des créatures aux lèvres grises, sinistres, effrayantes et robustes qui vivaient dans les poubelles et lui volaient son énergie et ses pensées. Elle entrait dans une phase entièrement nouvelle. Cette saison n'était plus celle du frémissement de ses feuilles intérieures. Ce n'était plus le vent qui la traversait, mais des doigts mauvais qui la meurtrissaient au plus profond d'elle, comme des grains de sel sur une plaie.

Enfin, le dimanche, elle entendit une voix intérieure, pas très forte, dont on ne pouvait dire si elle était d'homme ou de femme, qui répétait *déconnecte*. Cette voix lui rappelait quelque chose, elle avait dû l'entendre durant son adolescence, une fois, comme provenant de son monologue intérieur, mais cette fois plus forte et plus nette. Il y avait un étranger au plus profond d'elle-même, un cri vissé entre ses tempes.

Le lundi matin, Winnie se dit qu'elle n'en pouvait plus, et qu'Erin était responsable de tout. Elle s'arma de courage, sortit de sa maison et sauta dans sa voiture. Le voyage se passa bien. Elle traversa le parking où était le local à poubelles remplies d'inquiétantes créatures sans encombre. Tout juste le panneau stop, au moment où elle allait tourner vers El Camino Real, lui parut-il étonnamment brillant. Elle l'examina très soigneusement. Mais un klaxon se fit entendre derrière elle, et elle dut démarrer.

Winnie arriva dix minutes plus tard sur le campus de Page Mill Road, siège de son entreprise. Elle descendit prudemment de voiture. Elle remarqua au sol une vieille vis. Elle comprit aussitôt qu'ils l'avaient placée là à dessein. C'était un signe. Ils savaient qu'elle arrivait, et ils avaient l'intention de la visser.

Le jour tomba soudain. L'atmosphère était oppressante. Elle tournait autour de sa voiture, inquiète. La vis montrait que ses plans avaient été percés. Ils savaient aussi cela d'elle, en plus de sa vie personnelle, de sa correspondance, de ses données de santé. Et dire qu'elle avait fait une fausse couche quelques jours auparavant. Mais au moment où elle y repensa, Winnie ne se sentit plus certaine, plus totalement certaine, qu'elle avait bien fait une fausse couche. Elle ne pouvait plus se rappeler des détails. Elle ne se souvenait plus de ce qui s'était passé. Le vent qui faisait frémir les feuilles était devenu une tempête, un ouragan arrachant des branches, une tornade emportant ses souvenirs dans des trombes de pluie.

Winnie s'arrêta, tremblante, regardant la vis, pressant ses tempes de ses mains pour essayer de retrouver ses pensées et de comprendre ce qui lui arrivait. Un juriste qu'elle connaissait de loin – Dennis, ou quelque chose comme cela, avec qui elle se serait bien vue sortir – passa près d'elle, marchant en direction de l'immeuble. Il lui lança un regard interrogatif. Elle tourna la tête, mit ses lunettes de soleil, et enfila son bonnet des Raiders jusqu'aux oreilles.

Il faut que tu y ailles, avant que tous les autres – les avocats, les employés, les juristes – ne viennent compliquer les choses, se dit-elle à elle-même, prononçant nettement chaque mot comme si elle donnait une conférence. Ne te tire pas. Vas-y. La vis est un message d'Erin. Tu peux faire changer d'avis Larry. Larry sera avec toi.

Elle se décida, et marcha d'un pas décidé vers l'immeuble. Elle montra son badge d'accès au gardien avec un grand sourire, puis alla vers les ascenseurs qui menaient au quatrième, le domaine de Larry. Elle traversa discrètement l'étage, évitant de croiser des regards, et repéra Erin à son bureau. Sa mission de reconnaissance tactique avait été parfaite. Elle savait ce que portait Erin : cette robe jaune difforme. Puis elle s'installa dans les toilettes, cachée de telle manière qu'elle voit immédiatement quand Erin entrerait, ce qui ne saurait tarder.

Elle attendit près d'une heure. Puis le flash jaune parvint. Winnie sortit de sa cachette juste après que Erin eut fermé la porte des toilettes. D'un pas décidé, elle traversa l'étage, le bonnet vissé sur la tête.

Elle avait parfois travaillé avec Larry sur quelques dossiers internationaux compliqués, mais toujours à distance. Ils étaient de genres très différents – diplomate ou introverti, exubérant ou renfermé – mais Larry la reconnut, et comprit l'urgence de la situation dès qu'elle se mit à parler. Elle passa devant le bureau vide d'Erin, frappa à la porte de celui de Larry et entra. Il leva les yeux de son ordinateur et la regarda. Elle s'assit, confiante, face à lui.

La suite est très confuse. Les choses auraient difficilement pu se passer plus mal. Toujours est-il que, à la fin, elle était dans un bureau encombré et sans lumière du service des ressources humaines, entouré de la totalité du service de sécurité de l'entreprise, transpirant dans leurs blazers, et attendant une ambulance.

Elle était restée d'une politesse ostensible avec Larry, expliquant factuellement la situation. Elle avait décrit combien la grossesse d'Erin était une manœuvre pour l'humilier, avait expliqué comment elle avait piraté son courrier électronique, et même comment elle avait disposé cette terrifiante vis sur son chemin, mais tout cela d'un ton calme et raisonnable. Son visage était resté neutre, et elle avait pris soin de ne pas gêner Larry par des gestes ou des manifestations d'émotion inconsidérés. Mais tout cela n'avait servi à rien. Elle s'en aperçut au bout de quelques minutes. Larry était au téléphone quand le premier blazer est arrivé, posant fermement ses mains sur ses épaules. La vision brouillée par l'humiliation, elle avait décidé d'aller au-devant d'Erin, sans dévier de sa trajectoire, le visage impassible, fuyant tout contact visuel. Puis ils étaient arrivés et elle s'était retrouvée dans cette petite pièce sans lumière dont elle ignorait l'existence.

L'ambulance arriva quelques minutes plus tard. Deux hommes portant des gants de latex violet en sortirent, trimbalant avec eux un fatras de tubes, de câbles et de paperasse. Elle fut soulagée de les voir, et désespérée de quitter la petite pièce. Les deux infirmiers ressemblaient à des grimpeurs, fins et musclés. Ils menèrent de façon très courtoise un premier entretien sur ses antécédents psychiatriques. Elle leur dit la vérité : il n'y avait pas de maladie mentale dans sa famille. Mais AJ, son frère le plus âgé, était un peu spécial, disant des choses bizarres, à la fois confuses et très arrêtées. Il n'avait jamais trouvé sa voie, mais n'en avait jamais vraiment eu l'occasion. Winnie raconta aux infirmiers qu'on l'avait retrouvé raide mort à un arrêt de bus, un jour de canicule.

Il était mort d'une malformation artérioveineuse (MAV) : une artère mal positionnée, dont les puissantes parois musclées projetaient à haute pression du sang vers une veine délicate destinée à une tout autre tâche : collecter les petites flaques de sang usé qui se forment lentement dans le cerveau. Un médecin avait dit que cette malformation pouvait être le signe d'un problème plus général, peut-être une maladie des tissus connectifs. Tout ce qui était certain c'est qu'il y avait au moins une MAV, cachée à l'intérieur du cerveau, dont la fine membrane diaphane avait lutté durant des années contre les violents battements incessants de la carotide, jusqu'au jour où elle avait cédé.

Winnie raconta aussi sa possible fausse-couche quelques jours auparavant, mais n'était toujours pas bien sûre qu'elle ait eu lieu, sa mémoire restant perdue entre le réel et l'irréel. Cela irritait les infirmiers, ce qu'elle pouvait comprendre. Elle avait en revanche les idées claires sur son cancer passé, dont les mots redoutés lui étaient familiers : *lymphome cutané à cellules T avec implication du système nerveux central.* Elle décrivit l'évolution clinique de la maladie comme une experte : d'abord une vision dédoublée et des maux de tête ; puis la découverte de cellules cancéreuses dans son liquide cérébrospinal ; puis l'infusion de méthotrexate directement dans le canal spinal, à l'arrière du cou ; et sa guérison, après douze ans de rémission.

Elle présentait plusieurs éraflures sur les coudes, qu'elle s'était faites en démontant les murs de chez elle. Elle expliqua ses travaux de rénovation en quelques mots aux infirmiers qui ne relevèrent pas. Elle remarqua que les infirmiers l'interrogeaient de manière récurrente sur son usage de drogue, essayant peut-être de la piéger mais elle répondait avec constance : aucune drogue, pas même une cigarette, juste un verre de vin de temps à autre. Dans l'ambulance, elle s'apaisa un petit peu, et elle trouva le temps de réfléchir à tout cela, à cet étonnant et frustrant puzzle à assembler.

Le plus probable lui semblait que ses plans lui étaient été dérobés par les vampires de données et envoyés à Larry et son équipe. Elle remarqua que les infirmiers passaient des appels, soi-disant à l'hôpital mais certainement aux sombres créatures aux lèvres grises. « *Pour un cinquante-et-un cinquante* » répétait-il. Un 51-50 ? Un 50 et un 50 ? Un 50 et 1,50 ? Il y avait là un code secret. Elle avait l'habitude de les craquer. Winnie enfonça encore plus son bonnet et tenta de remonter le temps, juste de quelques semaines, lorsque tout cela avait commencé, dans cette fraîcheur piquante de septembre.

Plus tard, dans la salle d'urgence, les médecins lui posèrent les mêmes questions que les hommes aux gants violets. Elle leur fit les mêmes réponses, qu'ils prétendaient noter sur leurs tablettes, alors qu'ils ne semblaient jamais las de parler ensemble tout en l'examinant avec leurs stéthoscopes, en testant ses réflexes rotuliens et en lui faisant des prises de sang.

Eux non plus ne s'intéressaient pas à ses travaux de rénovation, mais très vivement, et plus encore que les infirmiers de l'ambulance, à l'histoire d'AJ. Il était difficile pour elle de devoir la raconter pour la quatrième ou cinquième fois. À chaque nouveau récit, elle la raccourcissait, et en même temps des versions plus longues naissaient en elle. Elles étaient entrecoupées de longues pauses, parfois au milieu des phrases, et même au milieu des mots, chaque fois que des images l'envahissaient. Elle imaginait ses derniers instants, sa mort solitaire, sans sa sœur, sans être aimé pour bercer son esprit confus.

AJ, l'enfant perdu, perdu bien avant sa mort. Il avait eu du mal à l'école, alors que Winnie et Nelson y excellaient, amoureux de la logique et de la technologie. Mais AJ ne parvenait jamais à garder un emploi, même les plus simples dans des garages ou des boulangeries. Cela se terminait toujours par des concours improbables de malchance ou des accidents compliqués à comprendre. Il restait gentil, pourtant, et l'était resté jusqu'à sa mort. Elle avait pris un vol pour la côte est pour se rendre à l'enterrement. Un sanglot déchirant, un cri qu'elle n'avait jamais poussé ni entendu, était sorti de son corps lorsqu'elle avait vu ce visage aimé inerte, au repos, pour toujours.

Elle restait prostrée sur son brancard, dans la salle huit, à imaginer les derniers moments d'AJ, revivant sa course de la boulangerie à la banque que Nelson et elle avaient reconstituée à partir des papiers trouvés dans ses poches et des déclarations de ses collègues. Il avait couru, très agité, tentant une dernière fois de maintenir à flot son indépendance. Les médecins pensaient que ce stress, cette course dans la chaleur, avaient sans doute augmenté la pression artérielle et causé la rupture de la MAV. Une petite fragilité attendait son heure. Elle arriva lorsque tout ce qui rendait sa vie si dure se produisit en même temps.

Ils pouvaient bien poursuivre leurs examens, la tapoter ou la saigner, elle était ailleurs. Le soir tombait. Des sandwichs et des jus de fruit circulaient. Et rien, rien ne se passait.

On frappa à la porte. Un médecin entra, les cheveux bruns en bataille, avec une chemise bleue tachée de café sous sa blouse. Il se présenta en marmonnant. Peut-être était-il fatigué ? Winnie n'avait pas compris son nom, qu'il avait à demi avalé, mais avait entendu le mot *psychiatre*.

Winnie se redressa, les jambes pendant sur le côté du brancard. Il lui serra la main et s'assit sur la chaise à côté de la porte en disant : « J'ai parlé avec les médecins qui vous ont reçue et j'ai lu leurs rapports. Mais si vous le voulez bien, j'aimerais que vous m'expliquiez, avec vos propres mots, pourquoi vous êtes ici ». Winnie l'examina soigneusement. Elle prit un moment pour réfléchir avant de répondre, à ce qu'il pouvait bien vouloir, et à ce qu'elle voulait.

En cette fin de journée, elle avait besoin d'aide, et ne voyait personne d'autre pour l'aider. Il valait mieux lui dire quelque chose, même si ce n'était pas tout. « Les vampires de données » lâcha-t-elle. Il voulait en savoir plus. Il nota, et la regarda « Très bien, racontez-moi cela ».

Ce qu'elle fit, du moins en partie. Elle n'entra pas dans les détails, se concentrant sur les faits importants. Les vampires de données s'introduisaient dans son cerveau et aspiraient ses pensées. C'est parfaitement clair, elle avait des preuves en surabondance, et elle pouvait les exposer de manière calme et logique. D'abord, son voisin avait installé une antenne parabolique pour accéder à ses pensées, mais elle avait répliqué en construisant un bouclier de contre-mesures. Puis elle avait cessé d'aller au travail, parce que ses collègues étaient intrusifs, ne cessant de la hacker et de vouloir lui dérober ses pensées et ses sentiments. Elle lui parla enfin de la vis sur le parking, qui était bien la preuve que ses ennemis étaient très puissants, et qu'il lui fallait absolument se déconnecter pour se protéger.

Winnie mentionna brièvement l'épisode de la voix répétant *déconnecte*, cette voix à la fois inquiétante et raisonnable, répétant un mot qu'elle aurait pu prononcer elle-même, mais qui était peut-être une manœuvre d'un ennemi. Elle décrivit qu'elle entendait réellement ce mot dans sa tête, comme si quelqu'un parlait en elle. Quelqu'un, probablement Erin, avait accès à son esprit, mais elle ne savait pas pourquoi.

Au bout d'un temps, le psychiatre se mit à lui poser des questions très différentes de celles que lui avaient posées jusque-là les infirmiers et les médecins. Lorsqu'il l'interrogea sur son bonnet des Raiders vissé sur sa tête, elle répondit franchement « c'est pour protéger mes pensées ». Lorsqu'il lui demanda pourquoi elle avait déplacé son brancard pour le placer au milieu de la pièce et l'éloigner du mur, elle lui dit simplement « parce que je ne sais pas ce qu'il y a de l'autre côté ». Il revint ensuite à ses travaux de rénovation, qui n'avaient intéressé personne jusque-là, lui demandant pourquoi elle avait entièrement dénudé un mur.

Alors que le psychiatre était en pleine phase de questions, son bip sonna. Il s'excusa et quitta la salle. Elle passa une heure seule, à regarder le mur qui lui faisait face. Il revint et reprit comme si de rien n'était. Winnie lui demanda ce qui s'était passé. « Juste une urgence à l'étage, désolé. J'en ai presque fini, je peux vous dire ce qui va se passer » dit-il en s'asseyant. « Nous attendons encore le résultat de quelques tests, mais il est clair que tout est normal dans votre corps. Cela veut dire que ce qui vous arrive est d'ordre psychiatrique. La bonne nouvelle, c'est qu'il existe des traitements qui pourront vous aider. »

Winnie ne fut pas surprise. Tout ce qui se dégageait du comportement de l'équipe d'urgence allait dans ce sens. En fait, peu lui importait. Elle voulait juste rentrer chez elle. Les médecins des urgences lui avaient dit qu'elle ne pourrait, légalement, pas quitter l'hôpital sans avoir été vue par un psychiatre. Maintenant, c'était fait. Rien n'avait été résolu, ni chez elle, ni au travail, et elle avait des choses à faire. Il était même possible qu'elle ait des choses à rattraper au boulot. Elle lui demanda si elle pourrait être suivie dans cet hôpital, en prenant rendez-vous une fois rentrée chez elle.

« Oui, parlons de cela » répondit-il. « Accepteriez-vous de rester à l'hôpital pendant que nous organisons cela ? Et si vous n'acceptez pas tout de suite, que ferez-vous en rentrant chez vous, si nous nous engageons à pouvoir vous suivre bientôt ? »

Winnie ne voulait pas réfléchir à ces questions. Tout allait bien, elle n'irait plus semer le trouble au travail, cela avait clairement été une erreur. Elle allait rentrer chez elle, terminer de traiter le mur de la façade est, et aussi arracher le revêtement du plafond. Elle habitait au dernier étage, donc cela ne gênait personne. « Je ne vais pas rester ici » répondit-elle « j'ai trop à faire. Je dois rentrer chez moi et finir ma cage de Faraday. »

Il hocha la tête, et Winnie lui demanda s'il connaissait le principe des cages de Faraday, de ces milieux clos annulant les champs électromagnétiques. Il hocha à nouveau la tête. « Oui, très bien. J'en utilise en permanence au laboratoire. » « Tous nos postes d'enregistrement de l'activité électrique des neurones sont entourés de grillages, exactement comme la cage de Faraday que vous construisez. Cela bloque le bruit en provenance d'autres sources électriques de la pièce, ou même d'une autre pièce » – il désigna d'un geste l'ancien emplacement du brancard, avant qu'elle ne le déplace – « ainsi, on peut détecter les courants même dans une seule cellule, et même chez un animal vivant ».

Bien que toujours méfiante, Winnie ne pouvait s'empêcher d'être intriguée par ce rapprochement. Elle se demandait ce qu'il savait de la découverte de ce principe par Benjamin Franklin, et de cette magnifique loi de l'électromagnétique qui veut qu'un champ est sans action à l'intérieur d'un volume délimité par un matériau conducteur. Le champ induit une distribution des charges dans le conducteur qui a pour conséquence d'annuler précisément le champ lui-même. Le champ crée donc sa propre annulation. Une thèse fabrique l'antithèse. « Un suicide de données » commenta-t-elle.

Cette remarque sembla l'exciter. Il se redressa dans sa chaise et dit « Vous m'avez dit, vous avez dit à tout le monde, que vous ne vouliez faire de mal à personne, et je vous crois. Mais vous êtes en train de démolir votre maison à cause de votre voisin et de son antenne parabolique qui capte vos pensées. En fait, vous êtes en train de détruire votre foyer. »

Winnie voyait nettement ce qui allait se passer. Ils allaient venir à nouveau et l'attraper. Elle observait ses lèvres tandis qu'il parlait, à la recherche de signes montrant que lui aussi était sous leur contrôle. En train de détruire son foyer ? Mais pas du tout. Elle faisait la seule chose possible pour la *sauver*.

« J'ai préparé votre dossier. Vous allez être admise à l'hôpital, sous la forme de ce que nous appelons une hospitalisation d'office. C'est ce que nous faisons, ce que nous *devons* faire, en cas de grave problème » lui dit-il. « Nous devons le faire car vous présentez de sérieux symptômes psychiatriques de ce que nous appelons une psychose, c'est-à-dire une rupture avec la réalité. Vous entendez une voix dans votre tête, et vous avez des peurs totalement infondées, qui vous conduisent à endommager votre maison ce qui vous met en danger. »

Elle sentit le monde se rétrécir, former un étroit tunnel entouré de gris, débouchant sur la curieuse lumière de son visage.

« Notre devoir est de rechercher les causes de ce qui vous arrive » dit-il. « Il y a de nombreuses possibilités. Et fort heureusement, nous pouvons aussi essayer certains médicaments qui pourraient vous faire du bien. » Des mots surgissaient dans son esprit, et elle essayait de les relier aux mouvements de ses lèvres. *Bulles de savon. Pas de serveuse. Mathilde.*

Le médecin continua à parler un certain temps, puis se leva. Elle se concentrait sur la signification des sons qui sortait de sa bouche. Il lui dit qu'il la reverrait le lendemain, car il était affecté toute la semaine à l'unité de soins fermés. Il lui laissa une feuille de papier couverte de lettres et de chiffres. Elle lut *troubles graves* et *5150*. C'était le code secret de l'ambulance. Ils l'avaient eue. Défaite. Elle tenta de faire bonne figure, restant immobile et droite, regardant au loin.

*

La première nuit, l'équipe lui administra un nouveau médicament, avec une notice d'information à son sujet. Elle l'étudia soigneusement. Il s'agissait d'un *antipsychotique atypique*, et ils lui demandaient de signer quelque chose à ce sujet. Quel que soit son efficacité, ou son inefficacité, la petite pilule blanche l'assomma et elle dormit durant quatorze heures d'affilée.

Lorsqu'elle se réveilla, elle était à l'étage du dessus, dans ce qu'ils appelaient l'unité fermée, entourée de compagnons d'infortune, naufragés rejetés sur cette côte par des tempêtes. Winnie ne dit rien, ce matin, mais les écouta. Sa propre tempête semblait s'être calmée, même si elle continuait à absorber une part considérable de son énergie. Elle entendait toujours une voix lui dire *déconnecte*, mais elle ne criait plus, ne l'envahissait plus, ce qui la rendait à nouveau capable de s'intéresser aux autres et de suivre une conversation.

Elle apprit les différentes manières de se couper le bras avec un tube de dentifrice. Ce n'était pas dans ses intentions, mais elle apprit néanmoins comment faire. Deux patients discutaient de ceux qui avaient déjà tenté – pour différentes raisons – de le faire, et comparaient leurs modes opératoires comme des recettes de cuisine. Une jeune fille prénommée Norah voulait juste se couper légèrement, sentir la douleur, faire jaillir le sang, laisser une trace et le faire savoir. Une femme plus âgée prénommée Claudia, qui aurait pu être la mère de plusieurs d'entre eux, recherchaient une manière efficace de se suicider, donc de couper les artères pour se vider de son sang. Claudia allait commencer des séances d'électrochocs prescrits pour traiter une dépression sévère, mais ses plans étaient très différents. Elle n'avait qu'une idée en tête : mettre fin à ses jours. Et rien ne pouvait la divertir de ce projet.

Mais l'équipe de l'unité de soin fermée semblait bien au fait de ce genre de projets. Il n'y avait pas le moindre tube de dentifrice à disposition. Les infirmières parvenaient à faire des miracles, à maintenir la paix parmi vingt hommes et femmes bien abîmés et souvent agités. Winnie n'avait jamais rien connu de tel, un lieu à la fois dur et doux, rassurant et désespérant. Elle aurait pu passer l'éternité à contempler les mondes fracassés des autres patients. L'unité fermée était un maelstrom de réalités autres, fascinantes et effrayantes.

Winnie réfléchissait à la question du tube de dentifrice. Elle pensait que la base du tube pourrait bien faire l'affaire, car elle était assez dure pour être aiguisée. Elle imaginait Norah et Claudia, qui avaient toutes deux été hospitalisées dans des lieux moins surveillés, dérobant discrètement des vieux tubes de dentifrice et les frottant patiemment contre un mur pour les aiguise tout en se cachant du personnel soignant. Winnie savait combien une action répétée des centaines, des milliers de fois, finit par être efficace. Elle était curieusement persuadée qu'une des premières propriétés du cerveau humain est de récompenser les attitudes répétitives. Aiguiser quelque chose de dur, un morceau de bois, un silex ou un os, pour le rendre coupant. Taper et taper encore, faire sauter les éclats et polir, un hiver durant, mais dans un but différent : survivre, non mourir.

Winnie put également capter quelques éléments d'informations sur ce qu'ils appelaient la psychose, non en parlant avec les patients mais lors de brèves conversations avec le psychiatre qui l'avait internée là. Il la voyait deux fois par jour, la première à huit heures du matin dans la chambre qu'elle partageait avec Norah et la seconde dans l'après-midi, en général dans le hall où ils pouvaient se dégourdir les jambes. Winnie avait remarqué qu'il avait toujours l'air aussi endormi. Elle aimait qu'il aime les cages de Faraday et l'appelait Dr D. À mesure que sa tempête intérieure se calmait, elle commença à lui poser des questions.

« Au fond, qu'est-ce que la psychose ? » lui demanda-t-elle. « Je crois que je sais, mais c'est étrange de vous entendre en parler. C'est un mot qui sonne bizarrement. » « Juste une rupture avec la réalité » répondit Dr D. « Cela peut s'appliquer à des hallucinations, comme cette voix disant *déconnecte* que vous entendiez. Cela peut aussi s'appliquer à des idées délirantes. C'est le mot que nous employons pour désigner des croyances fausses, mais solidement enracinées. »

Elle réfléchit à ce qu'il venait de dire. « Que voulez-vous dire par enracinées ? »

« L'enracinement de ces croyances est une dimension très importante » répondit-il. « Les idées délirantes ne peuvent être raisonnées. Apporter des preuves qu'elles sont fausses ne sert à rien. Quasiment tous les psychiatres ont un jour ou l'autre essayé, mais en vain. Certains patients semblent avoir placé ces idées dans un coffre-fort intérieur, totalement impénétrable. »

Cette idée de croyance enracinée évoqua à Winnie un vieux souvenir d'ingénieur : le filtre de Kalman, un algorithme de modélisation des systèmes complexes dans lequel chaque estimation de la valeur d'une propriété du système est associé à un niveau de confiance. La modélisation accorde plus de poids aux estimations à haut niveau de certitude. Pour Winnie, le cerveau pouvait aussi fonctionner ainsi, que chaque connaissance pouvait être associée à un niveau de certitude. Certaines connaissances – et pas seulement les idées délirantes – pouvaient avoir le plus haut niveau de certitude et placées dans une région spéciale du cerveau fermée à double tour appelée Vérité. La catégorie de Vérité permettrait de décider rapidement et simplement de lancer certaines actions, sans perdre du temps à des calculs statistiques complexes, permettant ainsi au cerveau de bâtir des édifices logiques à partir de faits difficilement prévisibles. Mais elle ne lui dit rien de tout cela.

« Il me semble qu'il n'y a pas que la psychose qui soit enracinée ainsi » dit-elle après hésitations, cherchant à lui dire tout ce qu'elle avait dans la tête avant qu'il ne s'en aille, « c'est aussi le cas d'autres sortes d'idées ». Elle enfonça son bonnet des Raiders un peu plus sur sa tête, par habitude, car elle était en train de découvrir qu'elle n'avait pas besoin de le porter en permanence. « Par exemple avoir confiance dans votre famille, votre mariage, votre religion, certaines convictions sociales ou politiques. C'est normal. Chaque élément de connaissance devrait être associé à un indice de confiance, et seules certaines idées auraient le score maximal. »

« Oui, sans doute » répondit-il. « Vous avez raison, il nous faudrait quelque chose de ce genre. Un classement. Des intervalles de confiance. » Un silence gênant s'installa. Il regarda sa liste de rendez-vous, ce qui voulait dire, comme elle le comprit aussitôt, qu'il allait passer au patient suivant, l'étudiante blonde de la chambre d'à côté, si blonde et si souriante et si excitée et si tant de chose, et ne plus jamais revenir vers elle.

Pourtant, il continua. « Cependant, je pense qu'un indice de confiance parfait ne servirait à rien pour la plupart des idées portant sur la manière dont le monde fonctionne. Certaines explications sont si peu réalistes qu'elles ne pourront jamais devenir des faits bien établis pour tous. » Il marqua une nouvelle pause. Ils étaient debout dans le hall, juste à côté du bureau des infirmières. Ils formaient un drôle de couple, elle s'en rendait bien compte. Elle dans son pyjama d'hôpital avec son bonnet des Raiders, lui avec sa chemise de tous les jours entre-ouverte, l'une prisonnière et l'autre libre, et les patients passant à côté d'eux. Une relation existait, pourtant. L'information allait et venait entre eux, s'échangeait en dépit du bruit ambiant. « De telles idées improbables » poursuivit-il « ne devraient jamais accéder en premier à notre esprit, et même ne devraient jamais être autorisées à atteindre la conscience. Est-ce que vous avez déjà eu des idées de ce genre avant d'entrer à l'hôpital ? De ces idées curieuses, réellement improbables, qui devraient avoir été filtrées et éliminées avant d'atteindre la surface ? »

Il parlait de filtres, mais de manière incorrecte. Avec l'apaisement de sa tempête intérieure, Winnie se dit qu'il faisait peut-être allusion à l'épisode de la vis sur le parking qu'elle lui avait raconté. Maintenant, elle se disait que sa première interprétation – qu'Edin avait placé là la vis pour lui faire du mal – était pour le moins improbable.

Et après ? se dit-elle. L'enracinement est une propriété des hallucinations, mais certainement aussi d'idées indispensables à un comportement normal. Et il peut être nécessaire d'examiner des idées bizarres. « Vous savez, ce n'est pas une maladie que de réfléchir à des idées improbables » dit-elle. « Si vous parlez de filtre, vous devriez savoir comment ils fonctionnent. Les meilleurs filtres bloqueront toujours quelques éléments que vous auriez aimé laisser passer, et inversement laisseront passer des choses que vous auriez voulu bloquer. Et je parle là de filtres optimaux. »

Pendant dix minutes, elle lui décrivit les filtres de Tchebychev et de Butterworth, détaillant comment les Tchebychev de type 1 bloquent avec succès tout ce que l'on ne veut pas, mais malheureusement aussi un petit peu de ce que l'on voudrait voir passer. C'est tout à fait satisfaisant en électronique, et peut-être aussi pour certains systèmes nerveux, mais pas pour le cerveau humain. Une espèce comme la nôtre, dont la survie dépend clairement de l'intelligence et de l'information, ne peut pas prendre le risque de bloquer et donc de perdre des idées potentiellement importantes.

Les filtres de Butterworth ont le défaut inverse. Ils n'éliminent rien de potentiellement intéressant mais laissent beaucoup trop passer. « À mon avis, les Butterworth sont beaucoup mieux adaptés au cerveau humain » dit Winnie « ou plutôt à l'ensemble des cerveaux de notre espèce considérés comme un tout. Le fait que certains adhèrent à des croyances improbables est le signe que l'espèce dans son ensemble se porte bien. » Elle promit de lui envoyer l'article « Théorie des filtres amplificateurs » de Butterworth, 1930. Winnie pensait qu'il était important de le convaincre que tout système fonctionne avec une marge d'erreur admise.

« C'est la même chose avec les signaux électrophysiologiques que nous enregistrons en neurosciences » répliqua-t-il. « Les courants que nous enregistrons sont très faibles, et nous devons donc filtrer le bruit pour les voir. Même les meilleurs filtres perdent une partie du signal ou à l'inverse laissent passer du bruit. » Winnie aurait encore eu beaucoup à dire, mais elle était satisfaite et pouvait le laisser partir. Au moins, elle l'avait convaincu qu'un écart à la norme, une distorsion, n'est pas synonyme de maladie.

*

Les jours suivants, sa voix intérieure devint de plus en en plus discrète. Elle se sentait à peu près bien sans son bonnet des Raiders et cessa de le porter en permanence. Elle sentait que quelque chose allait mieux, même si elle hésitait à le dire au médecin. Il pourrait attribuer cette amélioration à la petite pilule, et conclure qu'il avait raison de la tenir pour malade.

Dr D. leva la procédure 5150 avant son expiration. Winnie avait accepté de rester volontairement dans l'unité fermée, car il n'y avait pas d'autres lits disponibles à l'hôpital. Elle était contente de travailler avec l'équipe médicale. Elle se sentait en vacances, apprenait des tas de choses et, de toute manière, sa maison ne lui paraissait pas un endroit très sûr.

« Il y a différentes raisons de déclencher une psychose » dit le Dr D. dans le hall, à la fin de l'après-midi du jour où il avait levé la procédure 5150, « et toutes n'ont pas été exclues pour vous ».

« Mais je croyais que vous étiez convaincu » répondit Winnie « que je n'avais pas forcément un problème, et que je pouvais être conçu ainsi. Ou que nous soyons tous conçus ainsi. »

« Bien » dit-il « comme vous l'avez relevé, on peut imaginer que différentes personnes soient conçues avec des filtres différents, de même que tout le monde n'entend pas exactement la même chose. Mais cette idée pose problème. Il ne vous était jamais rien arrivé de tel avant. De ce que j'en sais, vous avez toujours été logique et systématique, avec un filtre sélectif fonctionnant parfaitement, qui était peut-être une de vos grandes forces. Donc on ne peut pas dire que vous êtes conçue ainsi. »

« Qu'est-ce qui a pu faire bouger les choses ? » demanda Winnie avec inquiétude.

« Les drogues peuvent le faire, mais il n'y a aucune trace de drogue dans votre sang » répondit-il. « Les infections ou les pathologies auto-immunes aussi, mais là encore vous ne souffrez de rien de tel. Une dépression sévère ou un accès maniaque aussi, mais vous n'en présentez aucun symptôme. Mais nous n'avons pas exclu l'hypothèse de la schizophrénie. »

Les quelques notions que Winnie avait de la schizophrénie ne correspondaient pas du tout à l'expérience qu'elle venait de vivre. « Cela apparaît à l'adolescence, non ? » dit-elle. « Alors j'aurais dû présenter des symptômes depuis longtemps. »

« C'est vrai chez les hommes, mais vingt-neuf ans n'est pas rare pour un premier épisode chez les femmes » répondit-il. « Un premier épisode, avec hallucinations et idées délirantes, marque le début de la maladie. Souvent aussi, ses propres actions paraissent étrangères, comme contrôlées de l'extérieur. »

« Y a-t-il des théories pour expliquer la survenue des hallucinations ? » demanda-t-elle. « Qu'est ce qui peut se passer sur le plan biologique ? »

« À vrai dire, personne n'en sait rien. Il n'y aucune certitudes scientifiques » répondit-il. « Certains pensent que ces voix intérieures pourraient être causées par une partie du cerveau agissant sans savoir qu'une autre partie est aussi active, ce qui fait que le cerveau ne serait plus unifié et le moi perdre son unité. Comme cette voix vous disant *déconnecte* et que vous ressentiez comme provenant de quelqu'un d'autre. »

« De même, vous ressentiez que vos actions ne vous appartenaient pas, mais reflétaient la prise de contrôle par un autre. Comme si, dans la schizophrénie, une partie du cerveau n'a aucune idée de ce qu'une autre partie est en train de faire, et interprète donc les actions résultantes comme provenant de l'extérieur. Le cerveau, toujours à la recherche d'explications, en vient à avancer des idées improbables comme un contrôle par des ondes ou des satellites. »

« Un instant », l'interrompit Winnie. « Pourquoi ces explications puisent-elles toujours dans la technologie ? » Elle savait qu'elle devait expliquer rapidement ce qu'elle pensait si elle ne voulait pas qu'il s'en aille. « Pourquoi des satellites ? Pourquoi parler de maladie ? Pourquoi ne serait-ce pas une réaction, une inquiétude, face à des développements technologiques nouveaux ? »

« En fait », répondit-il, « ce sentiment de prise de contrôle et d'action à distance a toujours été un symptôme. On le connaît depuis toujours, bien avant que l'on maîtrise les ondes électromagnétiques ou que l'on envoie des satellites dans l'espace. » Il avait commencé à repartir pour poursuivre sa tournée des patients. « Je dois y aller. Nous poursuivrons cette conversation demain, et j'espère vous montrer comment nous savons tout cela. »

Le lendemain matin, en attendant la visite du Dr D., Winnie se demandait si la schizophrénie était le moins bien compris de tous les désordres de l'esprit humain. Elle n'avait jamais entendu la moindre explication à ce sujet, et se sentait totalement ignorante, pleine de lacunes et d'idées fausses. Des troubles comme l'anxiété ou la dépression semblaient bien plus familiers à l'expérience humaine ordinaire.

Pourtant, d'une certaine manière, il y avait quelque chose d'universel dans l'altération de la réalité. À l'université, elle avait appris que la plupart des gens perçoivent lorsqu'ils s'endorment de brefs et bizarres états de confusion hallucinatoire. Elle en avait elle-même fait l'expérience, qu'elle trouvait troublante et inquiétante. À quoi ressemblerait la vie si ces états n'étaient pas l'apanage de l'endormissement, mais la norme, le quotidien ? Si cette réalité altérée s'enracinait profondément, pour rester là des jours, ou des années ? Cette idée l'effrayait, et elle la chassa de ses pensées.

Le concept de fragmentation du moi, du fait qu'une partie d'elle ignorait ce que faisait une autre partie, l'intriguait. C'était un sujet de réflexion plus agréable. Elle se demandait ce qui permettait l'intégration du moi. Cela lui était toujours apparu comme une évidence allant de soi, mais ce n'était clairement plus le cas. Une fois encore, la comparaison avec le sommeil l'aida à comprendre. Au réveil, elle avait toujours senti un premier moment privé de perception du moi, qu'il fallait vite retisser. Des fils conjoncturels – le lieu, pourquoi on s'y trouvait, avec qui, ce que l'on devait faire, ce que l'on avait projeté – doivent s'entremêler avec les longs fils qui constituent le moi, l'identité. D'où provient l'information qui permet de retisser ensemble tous ces fils en quelques minutes ? Mais si ce processus n'est pas mené correctement, on obtiendrait un moi incomplet, fragmenté, dont une partie des actions passerait pour étrangères.

Winnie réfléchissait à cet état de déconnexion quand une pensée dérangeante s'imposa à elle. Que se passe-t-il si cet état décousu de besoins du soi non satisfaits et d'actions éloignées de tout plan est la réalité ? Ce qui passe pour de la confusion dans les états psychotiques pourrait, se disait-elle, être peut-être la preuve que nos conceptions de la réalité sont arbitraires, et notre sens de l'unicité du moi artificiel, utile mais sans réelle signification. Une illusion.

Et que dire de cette voix, devenue presque imperceptible ? Le médecin avait souligné qu'elle ne reconnaissait pas sa propre voix disant *déconnecte*, mais il était passé à côté de l'essentiel. Même si, d'une certaine manière, cette pensée du *déconnecte* était « à elle », qui avait fait qu'elle pense cela ? Avait-elle à un moment donné décidé de déconnecter ? Non, à aucun moment. La pensée était venue, s'était imposée. C'est ainsi pour tout le monde. Les pensées s'imposent à nous, on ne sait d'où elles viennent ?

Seuls ceux qui sont atteints de psychose y voient un problème, se disait Winnie, car ils sont les seuls à en prendre la mesure, les seuls à être comprendre la vérité sous-jacente, qui est que toutes nos actions, nos sentiments, nos pensées surviennent sans volonté consciente. L'évolution nous a tous installé sur un lit d'hôpital, mais seuls ceux qui sont atteints de psychose ont osé enlever la fine couverture de réconfort que nous fournit notre cortex, et son illusion que nous faisons ce que nous voulons faire et pensons ce que nous voulons penser. Tous les autres sont comme des somnambules, esclaves de cette fiction de l'indépendance du moi qu'ils entretiennent.

Le matin suivant, alors que le Dr D. allait commencer ses visites, Winnie s'était convaincue qu'elle n'était en rien malade, mais avait atteint un niveau de lucidité exceptionnel. C'était comme une seconde naissance, la rendant plus consciente, plus sensible à tout ce qui l'entoure. Mais avant même qu'elle ne parle, il lui montra une reproduction d'un peintre anglais nommé James Tilly Matthews, qui avait voulu, au cœur de la Révolution industrielle, représenter « la folie », comme on disait alors, qui l'affectait. Matthews s'était peint lui-même comme victime d'un métier à tisser à air comprimé, gigantesque machine occupant tout l'espace et contrôlant son corps par de longs réseaux de câbles. Sentiment de prise de contrôle et d'action à distance.

Winnie était fascinée par cette image. Les symptômes et les ressentis de la schizophrénie ont donc, de tout temps, été interprétés par ceux qui les ressentent comme le produit de ce que leur époque connaissait de plus efficace en matière d'action à distances, des antennes paraboliques et des satellites, des métiers à tisser, des anges, des démons.

Cette découverte l'intéressait vivement. Elle était beaucoup plus pressée d'y réfléchir que de signer une décharge pour quitter l'hôpital. À supposer qu'elle souffre d'un genre de schizophrénie, il était clair pour elle que ce n'était pas vraiment une maladie, mais plutôt une porte ouverte sur quelque chose d'essentiel, la créativité, la connaissance de l'humanité.

Le lendemain, elle demanda au Dr D. de reconnaître que le cerveau et l'intelligence humaines pouvaient avoir grand intérêt à admettre l'improbable et le bizarre. Ce n'est qu'ainsi que des choses très difficiles à penser, parce que ne ressemblant à rien de connu, voire semi-magiques pouvaient être comprises. Seule l'être humain pouvait tirer parti de cette faculté. Une souris ou un marsouin n'ont aucun intérêt à pratiquer la pensée semi-magique, à prendre en compte des hypothèses très bizarres, à admettre sans raisons sérieuses l'existence de phénomènes étranges, et plus généralement à croire qu'un autre monde est possible, mais sans que l'on en connaisse l'architecture.

Elle pensait l'épater mais il ne parut pas convaincu. « C'est une idée ancienne », répondit-il. « Ce qui ne veut pas dire qu'elle soit sans intérêt. Mais la schizophrénie est bien plus qu'un petit zeste de pensée magique. Elle présente aussi tout un volet de symptômes négatifs, qui privent les patients de l'accès à leur monde, extérieur comme intérieur : apathie, perte de motivation, absence de liens sociaux… »

« Et puis il y a ce symptôme appelé trouble de la pensée, par lequel le fonctionnement même de la pensée est affecté de manière gravissime » ajouta-t-il. « Pensez à ce qu'est penser. Si nous voulons penser à quelque chose, du moins en général, nous y parvenons. Nous pouvons nous concentrer et penser, par exemple à une série de décisions à prendre et à leurs conséquences, comme si nous les positionnions sur une sorte de grand tableau algorithmique. C'est un des charmes de l'esprit humain, mais il est fragile. Des patients peuvent se perdre dans ce grand tableau, ne plus du tout savoir où ils sont. Les mots et les idées s'entrechoquent en eux. Certains s'annulent, d'autres se perdent. Et à la fin, il est devenu totalement impossible de penser. Les patients sont comme empêchés. Ils s'arrêtent en milieu de phrase, au milieu d'un mot. Les pensées surgissent en eux, mais ils n'ont aucune maîtrise sur ce qu'ils pensent. »

Winnie savait qu'elle était restée longuement silencieuse dans la salle d'urgence, mais elle pensait à la mort de AJ. Elle se voyait dire au médecin « docteur D, je ne pense pas que mes silences du premier jour soient l'expression d'un blocage des pensées. C'était juste un sentiment intense à propos d'un souvenir important pour moi : la mort de mon frère, au sujet de laquelle tout le monde m'interrogeait. »

« Bien, ce n'était peut-être pas un blocage des pensées » avait-il répondu « même si cela y ressemblait beaucoup. La bonne nouvelle, c'est que les médicaments antipsychotiques rendent beaucoup plus rares ces épisodes. Merci de me le donner à voir. Nous essayons de visualiser ce qui se passe à l'intérieur de l'esprit de nos patients, mais les troubles de la pensée sont impossibles à imaginer pour la plupart des gens et on peut donc se tromper. Ils sont peut-être parmi les symptômes les plus invalidants de la schizophrénie, mais ils restent très difficiles à expliquer. »

Peut-être, se dit-elle, est-ce que c'est parce qu'ils sont le symptôme le plus humain, le produit d'un dysfonctionnement du système cérébral le plus complexe, sans comparaison possible avec aucun autre animal ? Plus important encore, le contrôle de ses propres pensées n'est jamais qu'une illusion, et c'est bien le fantasme de ce contrôle qui est le propre de l'homme. Nos pensées s'ordonnent après que notre instinct a décidé de ce que nous voulions faire, et la fiction du raisonnement, avec ses différentes étapes, est une construction rétrospective. Cette perception de l'ordre dans nos pensées est aussi irréaliste que n'est la conviction que nous sommes maîtres de nos actions. Dans les deux cas ce ne sont que des rationalisations, un genre de remplissage neural.

*

Le jour avant qu'elle ne quitte le service, il vint la voir pour une ultime lecture de son IRM. Il n'y avait rien de spécial dans son cerveau, pas de MAV comme celle qui avait tué son frère, pas de tumeur, pas d'inflammation. « Cela signifie », dit-il, « que votre épisode psychotique doit être considéré comme un signe de schizophrénie. Nous n'en sommes pas encore certains, mais c'est le diagnostic vers lequel nous nous orientons. Il reste un examen à faire. Il nous faut analyser votre liquide céphalo-rachidien, pour voir s'il contient des choses que nous pourrions traiter, des cellules qui ne devraient pas être là, des agents infectieux, des anticorps. Il va falloir faire une ponction lombaire. »

Winnie se sentit flageoler, se souvenant de la terriblement longue aiguille de sa chimio. « Bien, désolé », dit-il, « vous avez déjà fait cela. C'est un examen invasif, c'est vrai, mais presque indolore et l'imagerie cérébrale montre que vous n'avez aucune raison de craindre que l'on découvre quelque chose de grave. » Ses souvenirs d'adolescentes remontaient à la surface de manière sans qu'elle les mobilise, pendant qu'il préparait le formulaire de consentement. Winnie se souvenait qu'on l'avait positionnée dans un lit à côté d'un mur, repliée en position fœtale, tendant le bas du dos et il est vrai qu'elle ne se souvenait pas avoir eu mal, mais une sensation pénible d'intense pression.

« Ce n'est pas un examen que l'on pratique dans notre unité, donc vous allez être transférée à l'étage ouvert », dit-il. « Aucune aiguille n'est autorisée en soins fermés, sauf en cas d'urgence. » Winnie signa le formulaire de consentement, on lui passa une blouse d'hôpital, et elle se dirigea avec Dr D. et l'infirmière vers la porte de sortie. Le badge activa le déverrouillage ; elle retrouvait la liberté pour la première fois depuis son admission à l'hôpital, presque une semaine auparavant.

Tandis qu'ils préparaient la salle où la ponction lombaire devait être faite, elle pensait à l'ironie de la situation : après s'être frénétiquement inquiétée des possibilités d'accès à distance à son cerveau, elle s'apprêtait à subir une intrusion au cœur de son système nerveux centrale qu'elle avait acceptée. Ils allaient y prélever du matériel – un liquide appartenant au plus profond d'elle-même –, le conserver, l'analyser, et rentrer les résultats dans des bases de données qui les conserveraient à jamais.

Mais elle avait donné son consentement. Dr D. la positionna sur le flanc, relevant sa blouse d'hôpital pour exposer le bas de son dos. Ils commencèrent par l'anesthésique de surface, injecté avec une minuscule aiguille. La grosse viendrait après, une fois qu'il aurait en palpant localisé le lieu exact où l'insérer. Il parlait tout en le recherchant : « voilà, je cherche les limites, en partant du haut des vertèbres lombaires. Je sens la quatrième, la cinquième. C'est là. » Après une grande respiration, elle ressentit cette sensation de gène profonde déjà familière provoquée par la pénétration de l'aiguille.

Ce doit être un fluide translucide, se souvenait-elle tout en fixant le mur qui lui faisait face, le liquide céphalo-rachidien (LCR) ne ressemble à aucun autre liquide du corps. Ils y rechercheraient des cellules, du sucre, des ions. Le LCR, dans lequel baigne le cerveau et la moelle épinière, ce qui protège tous nos précieux neurones, a exactement la même concentration saline que nos ancêtres poissons, n'y ajoutant qu'un soupçon de glucose : un peu de l'océan primordial, légèrement adouci, au sein de notre corps.

Le matin suivant, il revint avec les résultats : excellents. Rien à signaler, tout était normal. Il lui confia que l'examen était un robinet à champagne, car le LCR était parfaitement translucide, sans le moindre globule rouge, ce qui veut dire qu'aucun capillaire n'avait été touché. Or, lorsque les étudiants en médecine arrivent pour la première fois à cette maîtrise technique du geste, avec un peu de chance en plus, ils payent le champagne ! Plus important pour Winnie : il n'y avait pas de globules blancs, pas d'inflammation, pas d'anticorps. Et le glucose et les ions étaient normaux.

Seuls les résultats de la cytologie se faisaient encore attendre, permettant une analyse détaillée des cellules, mais le laboratoire ne craignait pas de récidive du lymphome. Elle allait donc pouvoir quitter l'hôpital, comme il le lui avait promis, et rentrer chez elle avec une prescription d'antipsychotique.

« Et votre diagnostic, alors ? » demanda-t-elle, « schizophrène ou pas ? »

– Nous ne sommes toujours pas certains, mais une schizophrénie est probable. répondit-il. On ne peut faire un diagnostic psychiatrique que si tout le reste a été éliminé, ce qui peut prendre beaucoup de temps. Pour le moment, nous avons un diagnostic temporaire : troubles schizophréniformes, pouvant devenir schizophrénie avec le suivi du patient.

Perspective peu engageante, que Winnie était tout à fait décidée à éviter.

Un robinet à champagne. Mon cerveau ressemble à du champagne, se dit-elle ensuite, attendant dans sa chambre le moment de quitter l'hôpital. Elle avait aimé cette image de robinet à champagne, et son esprit se mit à divaguer sur des images de filtres plus anciennes, quittant l'électronique moderne pour les filtres à bulle de la Révolution industrielle et l'univers des images de ce grand buveur de James Tilly Matthews. Les microbulles d'idées sont dissoutes dans notre esprit comme dans une flûte à champagne, elles peuvent servir à expliquer le monde – pourquoi cette vis est-elle là ? – et elles remontent vers la surface, s'agrègent entre elles pour former de plus grosses bulles, c'est-à-dire des hypothèses plus complètes capables de passer les filtres qui arrêtent seulement les toutes petites bulles, les plus mobiles, celles des idées franchement improbables.

Les bulles qui grossissent le plus vite atteignent en premier la surface, c'est-à-dire la conscience. Leur explosion pétillante à la surface est irréversible. Ce n'est plus une intuition, c'est la Vérité. On ne peut pas reformer les bulles, les redissoudre dans le champagne. Plus important encore : il arrive que de petites bulles qui auraient dû rester coincées le long des parois de la flûte s'en échappent. Pourquoi ne pas les y encourager, les y aider, se disait Winnie.

L'après-midi du dixième jour, elle put rentrer chez elle. Elle avait reçu de l'infirmière la nuit d'avant la dernière dose de ce traitement antipsychotique démarré le premier jour. Elle avait une ordonnance pour poursuivre le traitement chez elle. Elle était libre de partir, avec ce diagnostic provisoire de troubles schizophréniformes.

*

Winnie ne suivit jamais le traitement. Elle ne retourna jamais à l'hôpital. Elle n'envisagea même pas de le faire. Elle se sentait bien. Lorsqu'elle rentra chez elle, elle balança la carte du Dr D. à travers sa cuisine et la laissa là où elle était tombée, près de la cuisinière. Elle pouvait voir ce petit rappel blanc et y penser, mais elle avait tant à faire.

Elle aimait à présent se connecter à internet, ne s'inquiétant plus de Erin. La conspiration des hackeurs dirigée contre elle était toujours présente à son esprit, mais n'envahissait plus toutes ses pensées.

Elle était plutôt devenue une invitée bien élevée, se faisant discrète et ne voulant surtout pas déranger.

De plus, elle se sentait bien mieux à l'égard de son corps, et de ses frontières. Elle avait remisé son bonnet des Raiders. Alors qu'elle rangeait une armoire, elle tomba sur vieille édition des *Expériences et observations sur l'électricité de Benjamin Franklin* (1755) et alla directement à son passage préféré. Dans ses lettres au Dr L., où il décrit le principe de ce que l'on appelle aujourd'hui la cage de Faraday, Franklin fait preuve d'une exquise fausse modestie.

« J'ai électrifié un vase d'argent d'environ une pinte, puis y est descendu une balle de liège d'environ un pouce de diamètre, suspendue à un fil de soie, jusqu'à ce que le liège touche le fond du vase. Le liège n'était pas attiré par le fond du liège, comme il l'aurait été par l'extérieur. Et bien qu'il ait touché le fond, il n'était pas électrifié lorsque je l'en retirai, comme il aurait fait s'il avait touché l'extérieur. Ce fait est singulier. Vous m'en demandez la raison. Je l'ignore. Au cas où vous la découvriez, vous serez assez bon pour me la communiquer. »

Winnie se sentait comme la balle de liège. Elle avait été secouée par le champ d'une réalité externe, puis était retournée dans le vase d'argent, la cage protectrice, cette structure humaine partagée. Elle n'avait sans doute jamais fait de fausse couche. Cette idée la quittait peu à peu, sombre papillon reprenant son vol et s'éloignant d'elle.

Elle avait mangé comme un ogre la première semaine chez elle, avec un appétit qu'elle ne s'était jamais connue. Être à nouveau maître de ce qu'elle mangeait était une révélation, une libération. Elle se faisait des pâtes, achetait des gâteaux. À la fin de cette première semaine, une pensée bizarre apparut : elle n'était pas certaine d'avoir une bouche. Même en mangeant, en fait surtout en mangeant, elle devait toucher ses lèvres pour s'assurer qu'elles étaient bien là.

Entre les repas, la redoutable travailleuse qu'elle était reprenait du service, reposée et inépuisable. Comme lorsqu'elle abordait un nouveau domaine du droit des brevets, elle passait des heures sur son ordinateur à étudier la littérature scientifique, à la recherche de nouvelles connaissances. Elle se fit un chemin à travers les nombreux articles sur la génétique de la schizophrénie, ces masses de séquences d'ADN rassemblées et étudiées par d'énormes équipes de scientifiques sur des dizaines de milliers de patients atteints de schizophrénie. Elle errait, fascinée, parmi ces centaines de gènes qui s'avéraient reliés à un titre ou un autre à la maladie. Chacun n'avait qu'un minuscule effet, aucun n'écrasait les autres, et aucun ne suffisait à définir la maille du tissage, ni son effilochement dans la maladie.

Bien au contraire, tous ces fils pouvaient traduire la maladie aussi bien que la santé. Ce n'est que tous réunis qu'ils formaient une tapisserie cohérente. Winnie se disait que la maladie mentale – la schizophrénie, mais aussi d'autres comme la dépression, l'autisme ou les troubles alimentaires – avait beau être déterminée génétiquement, elle n'était pas transmise de génération en génération comme on hérite d'une montre ou d'une bague de ses parents, pas comme ces gènes uniques déterminant à eux seuls une pathologie comme la fibrose kystique. En psychiatrie, tout se passait comme si le risque était le produit de vastes ensembles de vulnérabilités provenant des deux parents. L'esprit d'une personne était créé par des milliers de fils se croisant perpendiculairement, dessinant par leurs intersections un motif représentant le sergé de l'individu. Des gènes créent des courants électriques dans les cellules, des gènes gouvernent l'expression de l'ADN dans les neurones pour y produire les protéines impliquées dans ces courants, des gènes guident les longs fils qui traversent le cerveau, ces axones qui connectent entre elles différentes parties comme un métier à tisser contrôlant tous les aspects de l'esprit, y compris la disposition à accepter l'improbable et le bizarre.

Winnie comprenait que, chez certains individus, un certain maillage de la trame et de la chaîne permettait l'apparition d'une nouvelle manière d'être. Dans les deux lignées, on trouvait des oncles ou des grand-mères un peu plus que bizarres, dont les esprits créatifs savaient se libérer de l'étau des illusions et inventer de nouveaux paradigmes. Ils étaient à l'origine de ces fils verticaux et horizontaux qui allaient s'entrecroiser et former le tartan familial. Et de l'autre côté, on pouvait distinguer quelques motifs communs à tous les humains.

Plus le vieux paradigme est ancré par la force de l'inertie sociale, plus ces dissidents humains devaient être certains de leur nouvelle manière de voir les choses. Ils devaient avoir leur vision chevillée au corps, sans raison aucune, parce que de toute façon inexplicable. Qui peut défendre la nouveauté incertaine contre l'ancien bien démontré ? Seuls le peuvent ceux qui sont certains sans pouvoir dire pourquoi, qui savent déjà penser à part et à côté, qui se sont affranchis des illusions.

Mais lorsque deux lignées trop vulnérables convergent, peut naître une personne vraiment trop à part, barrée comme on dit familièrement, ayant perdu le contrôle de ses pensées, ou plutôt perdu l'illusion rassurante d'un ordre dans le flux des pensées. Un être humain secoué de l'intérieur ne peut décider quel paradigme conserver et quel autre abandonner. Il ne peut pas, il ne peut plus, décider quoi que ce soit, pris dans les turbulences, les effusions et les éclatements des bulles de champagne. Et quand il ne reste plus aucune bulle, il termine avec les symptômes négatifs de la schizophrénie décrits par le Dr D., inerte et sans volonté.

À mesure que Winnie se documentait sur la schizophrénie, elle trouvait de plus en plus difficile de soutenir cette idée qu'elle avait défendue au début selon laquelle il pouvait y avoir un bénéfice à la maladie, pour ceux qui en souffrent ou pour leurs proches. Les symptômes les plus insidieux décrits par le Dr D., les troubles de la pensée, semblaient, en l'absence de traitement, progresser inexorablement jusqu'à aboutir à une désintégration complète. La pensée est de plus en plus distordue, au point que l'esprit en perd le sens des obligations et des liens, perdant tout sens de l'importance des émotions, positives comme négatives. Le simple sens de la nécessité de travailler, de se laver, d'échanger avec des proches ou de la famille disparaît. L'esprit est noyé dans le chaos et l'effroi, et le corps congelé dans la catatonie. En l'absence de traitement, le patient termine sa vie dans un état d'isolement confus et étrange, incapable de suivre une pensée plus de quelques secondes.

Winnie se souvenait une phrase du docteur, dans le hall, lors de leur ultime conversation, alors qu'elle soutenait que l'erreur n'était pas synonyme de maladie. « Un groupe dans lequel certaines personnes acceptent l'improbable peut en effet, sur le long terme, se porter très bien. Mais n'oubliez pas que certains vont terriblement souffrir. » De retour dans son appartement, elle aurait voulu lui répondre, mais il était trop tard. Elle aurait voulu lui dire qu'elle comprenait, à présent, et qu'il avait raison, et surtout qu'il fallait faire connaître cette vérité, pour faire progresser la compréhension des malades, peut-être la gratitude à leur égard, en tout cas faire savoir quel terrible fardeau ils portent.

Il serait sans doute d'accord avec cela, mais n'aimerait pas une autre chose qu'elle voulait lui dire et dont elle était aussi persuadée que du fait que nous avons tous besoin de perdre au plus vite nos illusions. Elle voulait lui dire qu'il devrait y avoir chez chaque personne un moment de rupture avec la réalité. Nous devrions reconnaître ce besoin, chez nous et chez les autres, et vivre, danser avec, l'apprivoiser, le guider ou le suivre selon les moments, car il n'existe aucune réalité unique qui permette de prendre une décision, que ce soit pour un couple, un groupe ou une nation. Nous avons des cerveaux et des mains : c'est avec que nous devons perdre nos illusions.

Elle imaginait ce qu'il répliquerait, rompue, comme toute bonne avocate, à jouer les deux rôles : que cette idée était romantique et plaisante, mais qu'il est impossible de créer quelque chose de complexe sans le contrôle de sa pensée et la faculté à faire des plans, ce qui est précisément ce que la schizophrénie détruit. La sélection évolutive ne nous a pas tous protégé des troubles de la pensée, laissant certains esprits humains particulièrement vulnérables tout particulièrement dans le monde moderne. Des petits groupes de primates peuvent fort bien ne pas avoir eu besoin de pensées organisées et séquencées, mais la stabilité de nos communautés humaines nécessite que des gens vivent et travaillent ensemble pendant longtemps, ce qui rend une certaine planification indispensable.

Winnie savait qu'il y avait du vrai dans cette idée. Elle avait trouvé de très nombreuses données en faveur de l'idée que la civilisation aggrave les problèmes causés par la schizophrénie, notamment que les symptômes de la maladie sont plus fréquents et plus graves chez les habitants des villes. Des gens n'ayant qu'une prédisposition génétique légère semblait risquer d'être précipité dans la psychose par des facteurs de risque liés au stress de la vie moderne. Winnie avait aussi trouvé de nombreuses descriptions de personnes en pleine santé devenant psychotique après leur première exposition au cannabis, et aussi de personnes souffrant d'hallucination liées aux troubles de l'humeur, comme la dépression, et en rien à la schizophrénie. Elle se disait qu'ils devaient avoir au moins en commun un proto-motif, à demi-tissé. Une modification de l'environnement – un toxique, le stress de la vie urbaine, l'isolement social, une infection ou quoi que ce soit d'autre – viendrait interagir avec un second coup venant de la génétique pour modifier le motif et changer la réalité.

Deux coups : Winnie connaissait cette théorie à propos des causes du cancer. Elle se souvenait, adolescente, avoir demandé à son oncologue : pourquoi moi ? Pourquoi pas Nelson ou AJ ? Pourquoi pas sa meilleure amie Doris qui fumait en cachette dès qu'elle en avait la possibilité ? L'hypothèse des deux coups pouvait peut-être répondre à ces questions, lui avait répondu le docteur. Peut-être Winnie avait-elle quelques vulnérabilités génétiques, mais les mammifères ont deux copies de chaque gène, et il existe d'autres systèmes de sauvegarde de l'information génétique, ce qui fait que l'ADN doit recevoir un second coup pour que le cancer se déclenche. Il aurait pu venir de rayons cosmiques, une particule provenant du soleil, ou un rayon gamma d'une autre galaxie, ayant voyagé dans l'espace pendant des milliards d'années avant de venir frapper une liaison chimique dans un gène d'une cellule d'une jeune fille du Wisconsin. Ce genre de chose arrivait en permanence à tout le monde, mais Winnie avait déjà un autre problème, un gène altéré depuis sa naissance. La succession de ces deux coups aurait fait déraper le système vers la croissance sans limite du cancer.

Personne ne sait si la théorie des deux coups s'applique à la maladie mentale, mais Winnie, à mesure qu'elle passait des nuits à lire des articles scientifiques et des synthèses bibliographiques, en était de plus en plus persuadée. Les connaissances biologiques dans ce domaine restaient limitées. On savait cependant, grâce à des méthodes d'imagerie de l'activité cérébrale, que la communication au sein du cerveau des schizophrènes était perturbée. Certaines régions n'informaient pas les autres de leur activité. On avait aussi pu observer durant les hallucinations une désynchronisation de l'activité cérébrale, comme si une main ignorait ce que faisait l'autre.

Winnie avait beaucoup à dire, beaucoup de questions à poser, et personne avec qui parler. Elle se souvenait qu'il avait dit que c'est la rupture d'un patient avec la réalité qui l'avait conduit vers la psychiatrie. C'était important pour elle, et elle voulait le lui faire savoir. Nous tenons pour acquis l'existence d'une réalité partagée, une illusion que nous avons tous, et si elle avait pu lui demander quelque chose, c'eut été de faire savoir au monde entier une Vérité simple : notre réalité partagée n'est pas réelle, elle est seulement partagée.

*

La seconde semaine lui vint un but, lui apparaissant comme une évidence soudaine, une révélation divine. Elle allait lui écrire dans une lettre très détaillée, à la main, au stylo noir indélébile, tout en majuscule, de manière à ce que rien n'échappe, tout ce qu'elle n'avait eu le temps de dire, qu'elle n'avait jamais su comment dire clairement.

Elle allait lui dire de nouvelles pensées, des grains de pensée, dispersés, comme des notes au clair de lune, une nocturne. Elle s'appelait à présent Princesse Java Pajama, il fallait qu'elle le lui dise. Il était possible qu'il ne comprenne pas, il n'avait pas de barbe, il était ajesus. Il allait devoir écrire son nom complet, pas celui qu'avait utilisé les infirmières, cette fausse note papiste. Oui, son nom complet, et elle allait tout lui expliquer, qu'elle n'avait pas d'ancêtres dravidiens et qu'elle n'avait pas du tout aimé ses insinuation misogamiques. Sa voix intérieure avait commencé à hurler à mesure que son angoisse désespérée l'envahissait, puis était retombée en un murmure. Aucune influence, pas un kilogauss, ne s'exerçait sur elle, elle était pure et libre, elle n'était pas un poisson d'argent de boîte de nuit. Est-ce qu'elle mangeait trop ? Des nèfles. Elle était à double coups. L'influence montait, pas facile de trouver la sortie, elle n'est pas à l'est mais ouest-nord-ouest. Elle s'interrompit, reprit son souffle, s'excusa. Une torsade. Ses insinuations, elle n'en avait rien à secouer.

Son téléphone sonna, quelque chose se contracta en elle. Le nouveau-né, le poing né, le point né, lui. C'était lui. Elle attrapa l'appareil, hésita, le retourna. Une heure après, une fois la batterie presque totalement déchargée, elle écouta le message. C'était le compte-rendu de l'examen de cytologie, après la ponction lombaire. « *Rares cellules lymphoïdes atypiques, en accord avec l'antécédent de lymphome des cellules T.* »

Cette plongée dans son cerveau avait révélé son sombre secret. Bien enfouie, mais toujours présente, sa fragilité était là, comme la MAV d'AJ. Et puis était venu le second coup. Pour lui, l'augmentation de pression. Pour Winnie, les cellules cancéreuses faisant naître les bulles de champagnes, nageant dans cette mer intérieure douce et vulnérable.

Elle s'assit par terre, repensant aux derniers jours d'AJ. Ce n'était pas difficile. Le métier à tisser la projetait dans le temps comme dans l'espace. Elle savait quels fils importaient : certains étaient à elle. *Lorsqu'il vit la pendule de la banque, AJ comprit qu'il devrait courir tout le reste du chemin. Dans l'effort, il se regardait. Il y avait un peu de pâte collée sur sa chemise. Il essaya de l'enlever avec sa main. Il en nettoya une partie, mais il en restait toujours un petit peu, et sa main suante avait tendance à étaler et aggraver les choses. Il aurait du apporter une autre chemise. Il gardait un rythme soutenu, tentant de reprendre des forces en s'approchant de la banque. Il traversa la place du carrefour South Main, contourna la fontaine, et regarda à travers la porte vitrée. Il y avait un ascenseur, mais il n'avait pas le temps. Il grimpa, deux marches par deux marches, les cinq étages, faisant bien attention à ne pas laisser de traces de pas dans les escaliers impeccables. Il s'arrêta juste avant les bureaux pour reprendre son souffle, examina le vestibule très propre, aux murs bruns. Brun comme cette fille, aux cheveux de cannelle, qu'il avait rencontré devant la boulangerie, et à son regard de geai farouche lorsqu'il lui avait demandé son numéro. Il atteint la porte du bureau au bout d'une minute, regarda nerveusement son reflet flou dans la vitre. Il se sentait au sommet d'une colline, s'apprêtant à dégringoler de l'autre côté comme il faisait avec Winnie et Nelson lorsqu'ils étaient enfants. Il avait beaucoup marché, longuement grimpé, et allait enfin savoir comment c'était de l'autre côté… mais la porte était fermée. Il mit quelque temps à s'en rendre compte. C'était curieux. On pouvait tourner la poignée, mais la porte ne s'ouvrait pas. Il réessaya en tremblant. En vain. Il se recula, essayant de comprendre ce que cela signifiait, à la recherche d'un message caché. C'était pourtant le bon bureau. Il rechercha dans sa poche la carte de visite de la personne avec qui il avait rendez-vous, mais ne trouva qu'une publicité pour un garage. Il n'avait aucun numéro où appeler, et allait rater ce rendez-vous qu'il avait mis des mois à obtenir. Il ressentit un violent mal de tête. Les mains sur les tempes, il retraversa le hall. Il descendit les escaliers lentement, les genoux flageolants, tout le corps envahi d'une curieuse chaleur. Le couloir lui semblait envahi par un effrayant brouillard, qu'il s'efforça de traverser au plus vite. Dehors, le soleil était brûlant. Tous ses membres tremblaient. Il tenta de rassembler ses forces pour traverser la place de la fontaine, puis South Main. La pensée d'un oiseau qu'il avait vu se heurter à une vitre de bus lui hantait l'esprit. Il était tombé sur le pavé poussiéreux, incapable de s'envoler, et avait semblé regardé les autres oiseaux indifférents à son sort, pour qui la vie continuait, tandis qu'elle le fuyait. Tout semblait gagné par le crépuscule autour de lui. Il repensa à la fille de la boulangerie. Je veux être avec elle, se dit-il. Mais pour cela il faut marcher. Un pas. Un autre pas. De plus en plus difficiles. Il était à genoux. Tous ces visages dans les voitures qui me regardent. Et la porte que je n'ai pu ouvrir. La porte fermée. La douleur dans sa tête était de plus en plus intense. La vitre du bus était si propre que l'oiseau ne l'avait pas vue. Le vestibule était brun. Des visions. La vue s'en allait. L'oiseau ressemblait à une perdrix et lui faisait penser à Winnie, pour qui il s'était fait tant de soucis. Il se penchait en avant et l'oiseau le regardait, comme l'aurait fait Winnie, de ce regard ferme qui n'appartenait qu'à elle. Il ferma les yeux en attendant que cela passe. Il tomba de tout son long, et elle était là, rafraîchissant sa tête brûlante d'un mouvement de ses ailes.*

Chapitre 6

Se consumer

« Adieu, champs fortunés où la joie habite pour toujours !
Salut, horreurs ! Salut, monde infernal !
Et toi, profond enfer, reçois ton nouveau possesseur.
Il t'apporte un esprit que ne changeront ni le temps ni le lieu.
L'esprit est à soi-même sa propre demeure,
Il peut faire en soi un ciel de l'enfer, un enfer du ciel.
Qu'importe où je serai, si je suis toujours le même
Et ce que je dois être, tout,
Quoique moindre que celui que le tonnerre a fait plus grand !
Ici du moins
Nous serons libres. Le Tout-Puissant n'a pas bâti
Ce lieu pour l'envier ; il ne voudra pas nous en chasser.
Ici nous pourrons régner en sûreté ; et, à mon avis,
Régner est digne d'ambition, même en enfer ;
Mieux vaut régner en enfer que servir dans le ciel. »

John Milton, *Le Paradis perdu**

* Traduit par Chateaubriand (Gallimard, 1995).

L'étudiant en médecine et moi nous apprêtions à partir. Nos quatre-vingt-dix minutes avec Emily n'avait en rien permis d'éclairer son cas, ni de trouver une quelconque utilité à son hospitalisation. Le chef de service de psychiatrie l'avait directement admise dans notre unité de soin ouvert, sans me consulter.

Emily avait dix-huit ans, légalement adulte, mais beaucoup plus jeune que nos autres patients. À quelques semaines près, elle aurait été envoyée en pédopsychiatrie. La raison de son admission – incapable de rester assise à l'école – était en fait une plainte des parents, ce qui pour moi suggérait qu'elle aurait plus sa place dans l'hôpital des enfants que dans notre service de psychiatrie pour adulte.

Durant l'examen d'admission, nous avions appris que Emily avait été une brillante élève, mais que les cinquante minutes d'un cours étaient devenues beaucoup trop pour elle. Au début de l'année scolaire, il lui arrivait de se lever et de partir de la classe en plein milieu d'un cours. Ce comportement s'était ensuite aggravé, à tel point qu'elle n'allait plus à l'école du tout. Personne ne savait pourquoi, et elle n'en disait mot. Elle nous avait aussi raconté qu'elle aimait beaucoup la poésie et la littérature, et avait remporté des trophées de lanceuse au base-ball et d'équitation.

Pendant cette consultation, la secrétaire du chirurgien orthopédiste m'avait appelé plusieurs fois à propos d'un de nos patients qui avait besoin de revenir en psychiatrie après une intervention chirurgicale de la hanche. J'en venait à me dire que travailler avec les orthopédistes, aussi peu agréables soient-ils, était certainement plus utile que de poursuivre avec Emily : avec eux, au moins, je pouvais faire quelque chose. Nous étions en train de quitter la chambre d'Emily, faisant mine de ne pas nous presser et promettant de revenir la voir, lorsqu'elle dit : « Une chose encore ».

Je retournai vers elle. Les jambes croisées sur son petit lit d'hôpital, les bras déployés devant la tête pour se protéger de la lumière aveuglante, elle dit : « Je ne vois vraiment pas pourquoi je devrais rester seule ici ».

Oh là, là, nous y étions. Sa tempête intérieure allait éclater. Je m'y attendais sans rien en dire.

Les yeux gris-bleu d'Emily se fixèrent sur moi, accompagnés d'un léger sourire. Elle ne disait rien. Le silence occupait toute la pièce. La pression augmentait, mais aucun orage n'éclatait.

J'observai l'intérieur de la chambre. Quelque chose tranchait de l'ordinaire : sa valise, son ordinateur portable et son téléphone étaient empilés sur la table de nuit, des effets personnels que l'on ne voyait que rarement y compris dans l'unité ouverte. Mais je comprenais pourquoi. La séquence chorégraphique bien rodée de l'admission à l'hôpital ne se déroulait pas comme d'habitude, du fait du caractère atypique de la patiente. Elle venait d'arriver et n'avait pas encore été vue par l'infirmière de service.

Je regardai à nouveau Emily. J'avais volontairement attendu plus qu'à mon habitude, pour montrer à l'étudiante l'importance de laisser au patient le temps de se présenter, de manière à éviter de l'enfermer d'emblée dans une de nos cases préconçues.

Le silence finit par devenir bruyant tellement il était pesant, négatif, obsédant. « Très bien Emily », dis-je, « parlons de tout cela ». Il n'y avait pas d'autres choix que de rentrer à nouveau dans la chambre, suivi de l'étudiante. Nous retournâmes à nos chaises, nos blouses blanches tombant comme des fils de marionnette.

Nos discussions avec elle n'avaient pas permis d'identifier un sérieux problème psychiatrique, et, de plus, toutes les analyses étaient normales. Aucune hyperthyroïdie, par exemple, comme dans la maladie de Graves, pouvant expliquer son agitation permanente. Faute de mieux, je m'orientais vers un diagnostic vague et peu argumenté lié à l'anxiété, quelque chose comme une phobie sociale ou un trouble panique. Mais elle ne présentait aucun des symptômes caractéristiques de l'angoisse. J'avais aussi envisagé un syndrome d'hyperactivité avec déficit de l'attention (SHDA), un de ces nombreux cadres de pensées que nous utilisons en psychiatrie pour décrire des états que nous essayons de comprendre. À mesure que la recherche progresse, nous savons que des termes et des nomenclatures doivent être abandonnés et remplacés par d'autres. Nous les utilisons pourtant, car ils sont tout ce que nous avons pour le moment. Tout diagnostic se fait à partir d'une liste de symptômes et de critères. Emily n'en cochait aucun.

Toutes mes questions directes, et même mes méthodes plus indirectes comme le fait de laisser de longues pauses que le patient peut remplir, n'avaient rien apporté de substantiel. Elle avait une légère dépression mais aucune pensée suicidaire, une poignée de troubles alimentaires, mais ils sont si communs à son âge, et quelques traits obsessifs-compulsifs. Mais nous étions incapables d'expliquer le cœur du problème : pourquoi était-elle incapable de rester en classe ? C'est lorsque nous nous dirigions vers la porte, avec notre diagnostic de *trouble anxieux non spécifié* qui ne servait qu'à la placer dans une case, que la vraie discussion commença.

En entendant sa phrase énigmatique, de nouveaux diagnostics potentiels affluèrent à mon esprit, aussi fougueux et rapprochés que des chevaux de course au départ. Le diagnostic devenait encore moins évident. Si elle avait des intentions suicidaires, elle n'aurait pas voulu avoir quelqu'un auprès d'elle. Si elle était psychotique, elle aurait été moins organisée, plus confuse. Si elle avait été limite, elle aurait été moins timide et se serait confiée plus facilement.

Quoi qu'il en soit, le trouble qui l'affectait était à la fois subtil et fort. Elle semblait physiquement en pleine santé et ne semblait pas souffrir, mais quelque chose avait pris le contrôle de sa tête bien faite. À ce moment crucial de sa vie et de sa formation, sa plus grande force lui avait été enlevée. On lui avait dérobé son passeport pour l'avenir, et elle connaissait et protégeait le voleur.

« Pourquoi ne devrais-tu pas être seule, Emily ? » lui demandai-je.

Elle ne dit rien de plus. Elle traçait du doigt des formes sur le drap tendu de son lit, me regardant du coin de l'œil. Emily avait dit quelque chose d'important, et pourtant il semblait demeurer comme une plaisanterie secrète inexpliquée qu'elle était tentée de partager. Tout cela n'était-il que simulation ? Était-elle une adroite manipulatrice agissant dans un but bien précis que je ne comprenais pas ? Où était-elle dans un état d'esprit bien plus noir que je ne le pensais, hantée par un fantôme d'autodestruction qu'elle combattait mais dont elle ne pouvait pas révéler l'existence, du moins pas jusqu'à notre départ avorté ?

Dix secondes de silence. J'avais une alliée, Sonia. Je me tournai vers elle.

Sonia était bien avancée dans ses études de médecine, presque du niveau d'une interne, se comportant comme si elle avait l'autorité d'une médecin en titre. Les études étaient faites de telle manière qu'on attendait d'étudiants de son niveau, qui savaient à quelle spécialité ils se destinaient, qu'ils fassent le médecin dans chaque consultation, en un genre de jeu de rôle pédagogique. C'est une position difficile à tenir, demander d'agir avec autorité sans l'avoir formellement, qui nécessite de la confiance en soi, de l'assurance, de l'intelligence sociale et de la force.

Sonia n'en manquait pas. Elle était sans peur et pleine de ressources, et d'une efficacité redoutable. Cela m'avait sauté aux yeux dès son arrivée dans mon équipe, même si je m'efforçais de ne pas me fier à ce premier jugement, ayant trop souffert moi-même durant mes études médicales de cette propension des équipes à juger immédiatement et définitivement des qualités des nouveaux arrivés. Quand j'étais à sa place, personne ne se souciait de la créativité du nouvel étudiant, de la qualité des articles qu'il avait publiés. Tout se résumait à une catégorisation brutale : le nouveau était-il fort ou faible ?

Les équipes s'accordaient sur ces jugements tranchants, justes ou faux, mais en tout cas très rapides. Les étudiants en médecine ignoraient en général l'importance de leurs premières actions où se jouaient l'étiquette qu'ils allaient recevoir, même si on ne leur en dirait rien. Tout n'était pas perdu si ces premiers moments tournaient mal, puisque dans un mois l'étudiant passerait dans un autre service où il pourrait à nouveau faire ses preuves. Mais l'appréciation que l'on porterait sur son mois dans ce service était en tout cas déjà faite, et ne serait jamais modifiée. Il m'arrivait de me demander : combien de médecins aujourd'hui expérimentés se souviennent-ils de moi comme appartenant à l'une ou l'autre de ces deux catégories, fort ou faible, sans aucun autre souvenir de moi ? Durant mes stages d'étudiant, et particulièrement en chirurgie car j'étais persuadé de vouloir être neurochirurgien, les occasions de montrer mes faiblesses n'avaient pas manqué.

J'avais encore la tête pleine de ma thèse de sciences, que j'avais consacré à des aspects abstraits et éloignés de la clinique des neurosciences et j'étais plus que méfiant à l'égard des axiomes et des rites de la médecine, obstinément décidé à les refuser. Parfois, mon style correspondait par hasard aux intérêts de l'équipe. Dans mon premier stage en chirurgie vasculaire, je n'avais aucune idée de ce que je faisais, mais il se trouve que j'ai posé une question intéressante, quoi que légèrement dérangeante, le premier jour. Conséquence immédiate, on me présenta le midi lors du changement d'équipe comme « le nouvel étudiant, fort ». S'ils avaient su combien ils se trompaient ! J'ai en tout cas passé un excellent stage d'un mois. J'étais fort, l'équipe l'avait décidé.

Plus avancé dans la carrière, je me suis fait le défenseur d'un changement de culture dont j'étais en fait déjà un produit, d'une culture acceptant plus de complexité, dans laquelle les médecins admettaient que la société avait besoin de plusieurs conceptions de la médecine. Sonia n'était en aucun cas faible. Lorsque je me tournai vers elle, ne sachant que faire dans cette situation, je me tournai aussi vers ses multiples forces. Elle était dans le service depuis deux semaines, et nous avions eu un petit peu de temps pour faire connaissance. Elle avait un parcours comparable à celui d'Emily : brillante à l'école, avec une grande variété de talents et des goûts littéraires.

Nous étions tous deux très calmes, mais un échange de regard, et les yeux de Sonia légèrement élargis, nous fit comprendre l'un à l'autre que nous devions nous pencher plus avant sur le cas d'Emily.

Elle ne montrait ni peur, ni inquiétude, ni colère. Au contraire, elle présentait même un genre d'excitation nerveuse, comme si elle se préparait pour se rendre à un premier rendez-vous amoureux. Et soudain je compris. J'avais déjà rencontré quelqu'un comme elle, il y a longtemps, lorsque je travaillais dans une unité fermée de psychiatrie pour adolescents. Les images s'alignaient presque parfaitement.

Il y avait quelqu'un d'autre avec nous dans la pièce. Quelqu'un dont elle avait besoin, qu'elle craignait, dont elle ne pouvait se séparer et que personne, ni elle ni moi, ne pourrait empêcher. Elle avait un terrifiant rendez-vous amoureux, il aurait lieu, et personne ne pourrait s'y opposer. Il voulait que cela soit su et qu'il y ait des témoins. Elle disait franchement, crûment, sans détours, une dure vérité du monde tel qu'il est. Cette dure vérité était : elle ne voulait pas être seule, mais je devais être le seul à en être effrayé.

*

J'avais déjà traité de nombreux patients avec des troubles alimentaires. J'avais passé des mois dans l'unité fermée de l'hôpital d'enfant, dans la salle dédiée aux anorexies qui accueillait des malades dans tous les états, des légèrement atteints aux presque morts, et y avais entendu les différents mots que les adolescents utilisent pour décrire l'anorexie et la boulimie, qu'ils incarnent parfois en Ana et Imie, même si les plus atteints abandonnent tout goût pour les métaphores de leur maladie.

Les psychiatres qui travaillent sur ces questions sont aussi intelligents qu'expérimentés, mais, pourtant, leurs concepts (comme c'est souvent le cas en psychiatre) sont bien loin de relever du savoir scientifique. Je ne connais pas de plus grand mystère que les troubles alimentaires en psychiatrie ou en médecine. Ni même en biologie.

Si j'avais pu reconnaître la maladie chez Emily, c'est parce que je l'avais déjà rencontrée, et avais à ce même moment d'autres patients en souffrant dans l'unité ouverte. Micah, par exemple. Avec ses yeux sombres et sa barbe parfaitement taillée, il était d'une maigreur effrayante. Un tuyau entrait dans chacune de ses narines, jusqu'à sa gorge. Micah souffrait d'une forme aiguë des deux maladies en même temps, l'anorexie et la boulimie. Il en résultait des variations extrêmes de poids dangereuse pour son corps. Il était pétri de contradictions et de conflits. Répondre aux injonctions des deux maladies occupait Micah à temps plein.

L'anorexie est souvent représentée comme une duchesse cruelle et distante, enfermant les malades dans le tombeau froid du contrôle cognitif. Pour parvenir à s'affranchir d'un besoin vital, et pour repousser l'envie de manger comme un ennemi, l'anorexie doit devenir plus forte que tout ce que le patient connaît ; et le patient se sent lui-même, au début, supérieurement fort.

D'une certaine manière, il y a de quoi. Avec l'anorexie, il contrôle le déroulement de la croissance et de la vie, donc le temps. Chez les plus jeunes, l'anorexie empêche la maturité sexuelle, ralentit le vieillissement, et aucun médicament ne peut libérer le patient de son poing de fer, ce qui oblige à des mesures drastiques. Lorsque l'état de Micah devient très préoccupant, avec un rythme cardiaque et une tension artérielle descendus à des niveaux extrêmement bas, il nous autorise à lui insérer un tube nasogastrique qui apportera quelques calories directement dans son estomac. Mais il l'arrache dès qu'il est seul, parfois avant même qu'il ait pu être nourri artificiellement, nous obligeant à réinstaller le tube. J'avais parfois l'impression d'entendre l'anorexie se moquer de moi depuis l'intérieur de l'esprit de Micah, tandis qu'il me regardait remettre en place le tuyau. Il savait ce que j'allais faire, je savais ce qu'il allait faire. Nous étions trois dans la pièce, sachant tous trois ce qui allait se passer, dont deux s'en réjouissant déjà.

La boulimie est différente. Elle recherche une folle excitation de la récompense. Il ne s'agit pas de supprimer l'alimentation, mais au contraire de l'augmenter au maximum, de se gaver et de se purger, et de se gaver à nouveau. La boulimie semble moins féroce que l'anorexie. Elle maintient une apparence extérieure de santé et de pureté tout en vous offrant la plus brutale récompense. Rien ne limite ce que la boulimie peut vous offrir, exceptée la quantité de potassium qu'a conservé votre corps fragile et torturé avant votre mort. Dans toutes ses formes, la boulimie sait ce que vous voulez, vous excitera et vous blessera bien plus que l'anorexie, et à la fin vous tuera tout autant.

Alliées mortelles et rivales, l'anorexie et la boulimie sont haïes et embrassées, en un rictus de maladie, de frustration et de récompense. Si elles défient la psychiatrie et la médecine, c'est en partie parce qu'une alliance très spéciale unit le patient et la maladie. Parfois comme amoureux, parfois hostile, parfois seulement pratique, ce partenariat avec le patient est construit, comme beaucoup de couples, dans une dialectique vivante de faiblesse et de force. Les médicaments ne peuvent rien contre ces maladies, pas plus qu'ils ne peuvent supprimer un ennemi ou un ami. Mais les mots peuvent les atteindre, comme un être humain peut en atteindre un autre.

La force de ces maladies, et leur intrication avec la personnalité, crée une situation qui n'existe nulle part ailleurs en psychiatrie ou plus généralement en médecine. La dépendance aux drogues crée des phénomènes en partie comparables d'impression de contrôle par un pouvoir extérieur, mais sans ce lien profond à la personnalité. Les troubles alimentaires reposent sur un double pouvoir : une autorité gouvernante, et une sujétion intime.

Le pouvoir de l'anorexie et de la boulimie, comme celui de la prise compulsive de drogues dérive toujours d'un moment initial, même passager, de consentement à ce pouvoir. Ce n'est qu'ensuite que cette autorité devient malveillante, que la liberté se perd petit à petit et que le patient et la maladie se rapprochent de plus en plus, comme des étoiles jumelles, des dyades célestes, enfermées dans un trou noir, un puits gravitationnel qui absorbe et détruit.

En pédiatrie, j'avais rencontré les formes les plus sévères de l'anorexie, frappant surtout des adolescentes, et détruisant les patientes autant que leurs familles. Les dynamiques de mort qu'entraîne la maladie sont sans équivalent, mêlant amour et fureur, comme chez ses parents tentant par tous les moyens de nourrir leur enfant pour lutter contre le monstre inexplicable. Les familles explosent et se déchirent, car il n'y a personne d'autre à qui en vouloir, pas d'autres responsable imaginable de ces enfants émaciés qui pourtant refusent l'alimentation. Il n'est pas de meilleur exemple en psychiatrie d'une souffrance humaine qui serait déjà soulagée par le simple fait de la comprendre, sans même pouvoir la soigner.

Ces enfants avaient été étincelants, doués en tout, couverts d'amour, et se laissaient cependant mourir de faim, si affamés que leurs cerveaux s'atrophiaient dans leurs crânes. Des enfants si fragiles et si froids que leur rythme cardiaque descendait à quarante, parfois même trente, battements par minute, que leur pression artérielle devenait difficile à mesurer, dont la biologie évoquait la vie ralentie des grands froids. Des enfants à la maturation arrêtée, voire même inversée, la dyade du patient et de la maladie rejetant les changements inexorables de l'adolescence, de l'âge, de la maturité sexuelle, du poids, tous rejetés, niés et violemment combattus comme un seul et unique ennemi. Des enfants au milieu de l'adolescence avec des apparences et des attitudes d'enfants, et pourtant bien insérés socialement, même au plus profond de leur maladie, parlant bien, aimant argumenter, sachant naviguer entre les groupes sociaux et les cultures, et pourtant incapables de la plus simple opération, de la topologie alimentaire de la vie : se nourrir.

Certains s'approchent de la mort, d'autres en décèdent. Pourquoi ? demandent les familles. Expliquez-nous.

Pourquoi ne pas commencer par demander au patient, l'hôte de la maladie ? Tout élément verbalisé, même (ou peut-être surtout) dans le langage et la manière de voir parfois simple d'un enfant, nous aiderait à comprendre. Mais comme dans les maladies psychiatriques, les anorexiques ont du mal à décrire leurs symptômes. Un patient anorexique ne peut pas plus décrire son état qu'un schizophrène expliquer pourquoi une force étrangère a pris le contrôle de sa main, ou un patient limite pourquoi il éprouve un tel plaisir à se taillader la peau.

Plus les médecins et la famille essayent d'intervenir, et plus le couple patient-malade trompe et esquive, se fouettant de plus en plus violemment de l'intérieur. Ensemble, ils sont parvenus à reconfigurer le désir, à redéfinir le besoin, comme le font parfois les expériences spirituelles ou la méditation, mais de manière destructrice. L'anorexie est forte, mais elle crée la fragilité, et se défend en emportant dans la mort. L'anorexie prêche à voix haute devant le miroir, puis descend dans la chair et vous poursuit sans relâche de ses mots sifflants, comme un escroc, un charlatan, jusqu'à vous persuader de ses mensonges. Au début, ils tirent parti de leur utilité, puis emportent tout. Une fois recruté, ces mercenaires neuronaux ne peuvent plus être renvoyés, transformés en une armée barbare qui ravage la campagne.

Ce ne sont pas là des idées délirantes. À la fin, il arrive que le patient sache mais ne comprenne pas, soit conscient mais n'ait plus le contrôle. Ce qui lui est arrivé est comme une amure que le feu de la bataille aurait fait fondre sur le corps du combattant. Le médecin décrit et documente la manière de penser des anorexiques, qui repose sur une distorsion de l'image de soi : le patient croit et dit quelque chose, tandis que son indice corporel indique le contraire. On peut aussi mesurer les actions du patient, par exemple quasiment compter une à une les calories qui pénètrent dans son corps lorsqu'il se force à jeûner sans fin.

Des thérapies cognitives et comportementales en immersion peuvent être utiles face à l'anorexie, surtout si elles sont suivies pendant plusieurs mois sans interruption, ce qui permet d'utiliser les mots et le lieu pour petit à petit redresser les distorsions dans l'esprit du patient. Le but est d'identifier l'entremêlement de facteurs comportementaux, cognitifs et sociaux responsables et de les corriger tout en suivant de manière légèrement coercitive l'alimentation. Les médicaments ne servent pas à lutter contre la maladie, mais à atténuer certains de ses symptômes, par exemple des molécules modulant la sérotonine contre la dépression qui est souvent associée. On y ajoute parfois des médicaments antipsychotiques visant les signaux dopaminergiques, qui peuvent aider à rompre les boucles rigides de la distorsion et à réorganiser la pensée. Au demeurant, ces molécules induisent une prise de poids, ce qui transforme, dans une certaine mesure, cet effet secondaire en bénéfice indirect.

Si on y inclut la mortalité liée aux complications médicales – les défaillances d'organes liées à l'absence d'alimentation – et suicides mis à part, les troubles alimentaires ont le taux de mortalité le plus élevé de toutes les maladies psychiatriques. Le déclin et la mort proviennent de l'affaiblissement des cellules de tout le corps. Si le cerveau est le premier à défaillir, cela entraîne dépression et suicide. Si c'est le système immunitaire, une infection. Et un arrêt cardiaque si les cellules électriques du cœur, déjà affaiblies par la malnutrition, ne peuvent plus supporter les perturbations des niveaux ioniques du sang, ces équilibres fixés au cours des milliards d'années de dissolution des roches dans les océans.

Mais pour ceux qui survivent, l'étau du tyran intérieur se desserre progressivement. Le patient parvient à se libérer, et à imposer par la force de nouvelle façon de penser et d'être, qui est peut-être au début un nouveau masque, mais qui parvient au bout des années à se stabiliser lorsque tout ce qui s'est passé est enfin décrit comme un long cauchemar.

*

Les médicaments sont tout aussi inefficaces contre la boulimie – que je suspectais être le secret d'Emily – que contre l'anorexie. Ils peuvent atténuer certains symptômes, mais ne peuvent rien contre le cœur de la maladie. La boulimie tue elle aussi en bouleversant les équilibres ioniques, les taux de potassium connaissant en particulier des fluctuations très importantes avec les purges, très dangereux pour le cœur. Lorsqu'elle se mélange à l'anorexie, comme chez Micah, la boulimie entraîne des fluctuations encore plus marquées des concentrations ioniques dans les fluides, du calcium, du magnésium et de métaux présents à l'état de traces, mais indispensables au bon fonctionnement du cœur, des muscles et du cerveau. En l'absence de calcium et de magnésium, ces cellules excitables ne peuvent plus fonctionner correctement, entraînant des fibrillations musculaires, des arythimies cardiaques et des crises épileptiques dans le cerveau, parfois mortelles.

Les purges peuvent prendre plusieurs formes : des vomissements induits, des laxatifs ou même un exercice physique excessif, bref tout ce qui fait diminuer le poids du corps. Ce qui est ainsi perdu est aussitôt compensé par une prise alimentaire, souvent sous la forme d'un véritable gavage, le plaisir de la récompense calorique étant amplifié par le frisson d'excitation malsaine de savoir vers ce quoi l'on se dirige, la ruée vers la purge, que personne ne pourra empêcher.

Je connaissais, depuis que j'avais travaillé en pédiatrie, cette ruée boulimique, cette torture excitante, et je voulais faire comprendre à Emily que je comprenais. Si j'avais raison, et si elle acceptait cette ouverture, nous pourrions former un genre de partenariat, une alliance thérapeutique qui n'aurait plus ensuite qu'à décliner son programme : entamer une thérapie de fond, essayer de comprendre ce qui se passe, puis passer à un suivi plus léger une fois des progrès obtenus.

« Pourrais-tu nous en parler ? », finis-je par dire, en ajoutant : « Je sais que tu en as besoin ».

Elle évitait mon regard, regardant sa couverture. « Non, je ne peux absolument pas. »

« Est-ce d'une manière ou une autre en rapport avec ton incapacité à rester en classe ? » Je jetais un œil à Sonia la forte. Elle semblait fascinée.

« Oui, c'est à peu près la même chose. »

C'était le moment de pousser l'avantage. À l'hôpital, nous n'avions ni la place, ni le temps, pour la thérapie de fond que son état exigeait, et puis il y avait d'autres patients. « Emily, tu nous as dit qu'il t'était arrivé, il y a longtemps, de vomir après les gros repas ». Elle nous avait évoqué ce souvenir comme peu important, et sans rapport avec ses symptômes, mais ce souvenir commençait à faire sens. « Est-ce que cela pourrait arriver à nouveau ? »

Son doigt, qui traçait d'infinies paraboles sur la couverture, s'arrêta net. Son regard restait figé sur le lit.

« Que se passerait-il si tu étais seule, Emily ? » demandais-je.

Elle regarda Sonia.

– Je ne sais pas » répondit-elle à Sonia. Peut-être que tout irait bien. Mais sans doute pas.

Sonia saisit l'occasion.

– Emily, dit-elle, veux-tu que je reste avec toi et que nous parlions. Je crois que le docteur va devoir aller voir ses autres patients.

– Oui, cela pourrait être bien, dit-elle, ce n'est pas bien grave.

Elle avait l'air d'hésiter, sentant bien que, en vérité, c'était grave. J'avais reçu un autre message du service d'orthopédie, il me fallait vraiment y aller, mais je pouvais laisser en toute confiance Sonia poursuivre l'échange, maintenant qu'il était amorcé. Je me levais, leur souhaitais une bonne conversation, et sortis. Il n'y avait plus d'urgence, à présent. Il fallait du temps et de l'espace pour que l'alliance conclue porte ses fruits.

Tout en allant au service d'orthopédie, je réfléchissais au contraste apparent entre Micah et Emily. Sa stratégie de purge boulimique reposait non sur les vomissements, mais sur le fait de marcher sans fin : il marchait sur place, il tournait en rond, et même s'il restait assis, il continuait à contracter rythmiquement les muscles de ses jambes pour continuer à brûler des calories. C'était une purge cachée, tout à fait atypique dans la boulimie, et l'anorexie semblait chez lui avoir pris le dessus. Il ressemblait à un fagot de bois sec.

Emily pourrait difficilement avoir eu l'air plus différente. Elle était forte, extravertie, pleine d'énergie, et son poids était parfait. Mais peut-être passait-elle elle aussi d'une pathologie à l'autre ? Elle avait fait allusion à un épisode de restriction calorique quelques années plus tôt.

Avaient-ils une biologie en commun, en dépit de leurs apparences si différentes ? L'anorexie est un comptable rigide, qui traque chaque calorie, chaque gramme, et supprime la récompense de la nourriture. La boulimie est obsédée par la récompense, l'amplifie et la répète furieusement dans une débauche de calories. Pourtant, paradoxalement, les deux peuvent coexister et même agir ensemble. Elles se rejoignent, outre dans le fait qu'elles mènent à la mort, dans une sorte de libération toxique, une expression du moi qui en vient à oublier ses besoins.

Quel autre cerveau que celui d'un être humain pourrait-il produire une telle chose ? À quel moment dans l'évolution les forces cognitives ont-elles pu dépasser celles de la faim ? Il n'y a aucun moyen de répondre à cette question, mais je suis persuadé que ce ne devait pas être bien longtemps avant que nous devenions des humains modernes. Vouloir vivre en s'affranchissant de ses besoins est assez commun, et universel. Le difficile est d'y parvenir, a fortiori pour quelque chose d'aussi fondamental que de se nourrir. Mais l'esprit des humains modernes est vaste et a d'immenses réserves qui n'attendent qu'à être exploitées.

Les forces motrices peuvent provenir de nombreuses régions de l'immensité du cerveau humain. Se défier de la faim n'est pas une mince affaire, mais dans une nation de quatre-vingt-dix milliards de neurones, il ne doit pas être trop difficile d'activer des millions d'ensembles cellulaires. Ce soulèvement pourrait être déclenché par différents circuits du cerveau, ayant chacun ses mécanismes, sa culture, ses forces.

De même, différents chemins peuvent mener, selon les patients, à l'anorexie, en fonction de la constitution génétique de chacun et de l'environnement social, comme on l'a vu dans d'autres troubles psychiatriques. Un patient peut lever une armée contre la faim à partir des circuits du cortex frontal dédié au contrôle de soi. Un autre pourra apprendre à relier les circuits profonds du plaisir avec ceux de la satisfaction des besoins vitaux pour parvenir à trouver un plaisir à la faim. D'autres encore, comme Micah, souffrant d'anorexie et de boulimie impliquant à la fois de la pensée et le mouvement, pourront mobiliser les circuits générateurs de rythme, les oscillateurs profonds du striatum et du mésencéphale, qui génèrent des comportements répétitifs. Contrôler les rythmes de la marche du tronc cérébral et de la moelle épinière, par une répétition compulsive d'exercices pourrait les rendre capables de compter en même temps les pas et les calories. Micah était sans doute dans ce dernier cas, comptant en un perpétuel tic-tac, ce qui entre et ce qui sort de son corps.

Les répétitions sont fascinantes. Chez les oiseaux, les comportements de soin du plumage, permettant de maintenir les plumes en état pour le vol, se passent de toute conscience ou de toute intention. L'évolution a simplement créé une motivation pour une action répétitive qui tourne en boucle, agréable et inexplicable. Chez des espèces aussi différentes que l'écureuil terrestre, le blaireau ou les araignées du groupe *Geolycosa*, le comportement de creusement du sol se fait à un rythme propre, à une fréquence fixée par des générateurs cérébraux. Chez les mammifères comme nous, il est très difficile, une fois que l'on a commencé, d'arrêter de se gratter. Ce comportement produit un indéniable plaisir, et l'intensité du geste augmente pour maintenir cette satisfaction à mesure que la peau est endommagée : une oscillation de valence, passant de la douleur pure à la satisfaction brute.

Notre cerveau joue aussi des rythmes plus complexes, dans le temps comme dans l'espace. Ce même cortex frontal, qui élabore et exécute les plans de nos mouvements volontaires, est aussi l'exécutant, en lien avec son partenaire le striatum, plus profond dans le cerveau, de nos routines quotidiennes, de nos rituels saisonniers, des cycles annuels. La récompense associée au rythme se retrouve dans presque toutes les activités humaines : dans le tricot et la couture, la musique et les mathématiques, dans les tâches de planning et d'organisation. Des actes, mais aussi des pensées répétitives, peuvent devenir aussi obsédantes qu'un tic. Les anciens rythmes de creusement du sol de nombreux mammifères ont pu nous aider dans les gigantesques travaux de terrassement qui ont permis la création des grandes civilisations. Mais lorsque ce rythme prend trop d'importance, il fait des dégâts collatéraux chez certains d'entre nous : les obsédés du lavage, les maniaques du nettoyage, les décompteurs compulsifs, et d'autres encore dont la souffrance ignore le repos.

Je reçus à nouveau un message alors que j'entrais dans le service d'orthopédie. Le standard de la psychiatrie demandait de rappeler. Je me précipitai vers le premier téléphone. On me passa Sonia. « Elle est partie. »

« Quoi ? Partie ? »

« Quand vous êtes parti, elle m'a dit qu'elle allait m'exposer son problème. » La voix de Sonia était tremblante, et la peur se sentait entre chaque syllabe. « Elle me demanda des marqueurs, et j'allais en chercher au bureau. » Elle s'était déjà imaginé l'excitation du diagnostic, peut-être même un cas publiable qui ferait de son stage à triomphe. « Je me suis absentée pendant trente secondes, et quand je suis revenue, elle avait disparu. Personne ne l'a vu sortir, personne ne sait où elle est. »

« J'arrive tout de suite » lui dis-je. « Ne bougez pas, tout va bien se passer. » Ce n'était pas vrai. Je m'étais trompé sur son cas. Emily avait été la plus secrète des psychotiques déprimées, suicidaire mais assez méfiante pour le cacher. J'avais bien perçu une excitation à l'idée de libération, mais je l'avais très mal interprété. Mon château de cartes s'effondrait et j'en étais responsable. Je traversai les couloirs en courant pour rejoindre le service. Faible.

*

La situation était complexe, et Sonia avait raison de dire que nous n'avions aucun moyen d'action. Sonia avait dix-huit ans, et il n'y avait aucune décision d'hospitalisation sous contrainte. Elle n'avait exprimé aucune idée suicidaire et avait toute liberté d'aller et venir. Il n'y avait aucun moyen de l'en empêcher.

Nous nous agitâmes dans tout le service, à la recherche d'indices expliquant sa disparition. Elle n'avait rien emporté. Elle avait même laissé son ordinateur et son téléphone là où je les avais remarqués : ce n'est pas ce que fait d'ordinaire quelqu'un qui fuit l'hôpital pour rentrer chez lui ou chez un ami.

Nous envoyâmes un message au chef de service pour le tenir informé, même s'il ne pouvait rien faire. Tout reposait sur nous, sur moi.

Dix minutes s'écoulèrent. Les accès à l'hôpital avaient rapidement été fermés. Même hors des unités fermées, les fenêtres ne peuvent en général pas être ouvertes. Si le suicide était son but, aucun trajet n'était évident. Nous étions au second étage. Je savais comment atteindre le toit du cinquième étage, en passant par une petite mansarde où dormaient les étudiants pendant leurs gardes, mais il n'y avait aucune raison qu'elle connaisse ce passage.

Où pourraient être les endroits dangereux ? La cafétéria de l'hôpital, au premier étage, juste sous nos pieds ? Pire, juste à côté, le balcon qui domine de très haut le vaste atrium. Elle aurait pu y être en trente secondes, et tout – n'importe quoi – aurait pu arriver ensuite.

Sonia comprenait l'urgence de la situation, et la ressentait. Son visage était fermé et je voyais, sous ses traits figés, les lignes de la culpabilité et du doute sur soi. « Bon », dis-je, aussi rassurant que je pouvais, « elle est sans doute sortie chercher une cigarette. En fait, c'est probablement la clé de tout cela : à l'école aussi. » C'était presque plausible. Un flash me ramenait à la mémoire un épisode de ma seconde année d'internat : on m'avait appelé en catastrophe dans le service d'obstétrique parce qu'une jeune maman, qui venait de subir une césarienne exigeait de partir sur le champ. J'étais un genre de consultant d'urgence quand des situations dépassant tout le monde exigeaient le regard d'un psychiatre. Après avoir parlé pendant seulement dix minutes avec la patiente dans sa langue maternelle, je compris qu'elle avait seulement eu besoin de fumer une cigarette, et qu'elle n'avait pas osé le dire. Penser à cette petite victoire m'a longtemps valu une grande satisfaction, en particulier parce qu'elle rejoignait une conviction qui traverse ma vie, à savoir que l'on peut toujours découvrir la vérité si on laisse les gens parler.

Mais ce n'est pas ce dont il était question à ce moment, et il n'y avait plus d'Emily. Lorsque vous avez désespérément besoin de fumer, vous ne commencez pas par demander aux autorités médicales de vous asseoir à côté de vous pour parler. « On y va », dis-je à Sonia. « On se partage. Tu la cherches dans les urgences et les parkings, et moi je m'occupe du rez-de-chaussée. Et on ne court pas. » J'avais à peine fini de dire cela que Sonia, sa longue queue de cheval décrivant de jolis huit dans l'air, partait d'un pas décidé.

À peine avais-je disparu de sa vue que je me précipitais à toute vitesse vers l'escalator, mais avec l'idée d'explorer mon secteur avec un calme tout professionnel : dix secondes pour la cafétéria, vingt secondes pour l'atrium. Puis je passais à une autre pièce. Comptant mes pas. À l'écoute de cris. Mais le seul son qui me parvenait était un tic-tac, chacun brûle une calorie, chacun était une petite victoire. Personne ne peut m'empêcher de faire un pas de plus, un pas de plus vers la mort.

J'étais passé à deux doigts de réussir, mais j'avais cependant gâché mon talent, ce don immérité qui traverse ma vie et auquel je ne peux échapper, à savoir que les gens semblent être soulagés de me parler. Et là, alors que quelqu'un qui avait besoin d'aide commençait à se connecter à moi, j'étais parti. Et pourquoi ? Parce que le service d'orthopédie n'avait pas cessé de m'appeler pour un transfert qui pouvait attendre.

Il faisait beau, comme presque toujours ici. Le soleil commençait à pénétrer dans la cafétéria. Mes pensées étaient sombres. Et soudain Emily était juste en face de moi, à un bras de distance. Elle avait failli me rentrer dedans. Face à face, nous nous regardâmes, puis baissâmes vite tous deux les yeux. Elle sourit presque. Elle tenait à la main un plateau rempli d'un invraisemblable amoncellement de nourriture, des poulets frits, des gâteaux, des pizzas, une montagne de récompense calorique.

Elle m'avoua par la suite qu'elle en était à sa troisième visite à la cafétéria en dix minutes. Elle y rentrait, emplissait un plateau de nourriture, sortait par l'entrée sans payer et filait dans le patio s'empiffrer, puis se purger. Puis y retourner. Et ainsi de suite. Elle était dans un cycle répétitif de récompense et de toute puissance, même si elle voulait être vue et démasquée. Vaincre son corps et les équations de l'indice de masse corporelle : voilà tout ce qui l'occupait, rien ne pouvait l'arrêter. Mais elle sentait bien que c'était fou, elle savait que c'était dangereux, et ne voulait pas être seule.

*

J'étais de garde la nuit suivante, et profitais de mes premiers moments de calme pour aller sur le toit en passant par la petite chambre où les étudiants viennent récupérer quelques heures de sommeil. Il nous arrivait d'y monter à deux ou trois, externes, internes ou chefs de clinique, et de s'asseoir sous les étoiles pour contempler le panorama.

Le toit n'était pas très confortable, mais ressemblait à un sanctuaire, un lieu préservé du tourbillon des appels et des messages. La nuit, on peut être seul et au calme : bonne occasion de repenser à ce qui s'était passé avec Emily. Quelque chose de ses troubles alimentaires m'échappait complètement. Dans ces cas, j'ai appris qu'il était bon de prendre quelques temps pour s'asseoir avec le mystère.

Son trouble me paraissait unique, et ouvrant sur de profondes réflexions scientifiques, mais je devais d'abord me poser une question : dans quelle mesure ma réaction intense était-elle due à une sorte de sympathie parentale pour Emily, une envie de prendre soin d'elle tout à fait déplacée. Une autre scène me revenait : un père au chevet, dans un service d'anorexie pédiatrique, de sa fille de quatorze ans, dans sa chemise d'employé de station-service (Nick, peut-on lire en haut de la poche gauche), qui vient de faire une attaque cardiaque. Le pronostic vital est engagé, il le sait. Il ne parvient plus à la regarder, il ne peut plus que la toucher. Il ne voit rien d'autre que ses omoplates saillantes sur son torse de moineau, agitées toutes les deux secondes par le battement de son cœur et son frêle souffle froid. Il se souvient du battement de son cœur avant sa naissance, du pouch-pouch-pouch sourd que l'on entendait à l'échographie semblable à un tambour de guerre, emplissant tout l'espace. Il n'y avait pas moyen de la retenir. Elle était, elle avait toujours été, impossible à arrêter.

Plissant les yeux, mes mains en visière sur les paupières pour me protéger de la Lune, je regardais le ciel. Le conflit principal, à mon avis, opposait le moi à ses propres besoins.

Pour comprendre la biologie des troubles de l'alimentation, il nous faudrait comprendre quelque chose de plus fondamental : les bases biologiques de l'identité. Si le moi peut être séparé de ses besoins, qu'est-ce alors que le moi ? Que délimitent, à l'intérieur et à l'extérieur, ses frontières ? Ces vieilles questions restent sans réponse. Elles nous sont familières – je suis moi, je m'habite, pensons-nous – et pourtant nous ne savons pas tracer nos frontières, ni nommer notre capitale. Ni en tant qu'être humain, ni en tant que neuroscientifique.

Nous avons quelques éléments de réponse. Par exemple que le moi ne s'étend pas au-delà de la peau. Mais même cette idée n'est pas si évidente qu'elle n'en a l'air, puisque la parentalité la remet en cause. Ou encore que le moi ne remplit pas tout le volume que délimite la peau, pas même tout le cerveau. Le moi ressent les besoins du corps, qui lui sont transmis par on ne sait quel agent qui appartient lui aussi au corps. La douleur et le plaisir, selon que les besoins sont ou non satisfaits, distribués par quelque austère banquier au fond de notre être, semblent être les seules valeurs capables de pousser le moi à l'action ; mais elles ne sont pas le moi, seulement ses instruments monétaires, ses actifs et ses dettes.

La philosophie, la psychiatrie, la psychologie, le droit, la religion, ont tous leurs points de vue sur le moi. Ils relèvent de la pure imagination, même si cette dernière capte une certaine forme de vérité. Mais les neurosciences, porteuses d'un nouveau type de vérité, n'ont pas encore investi ce domaine. Il faut rester prudent, car les bons termes scientifiques ne sont peut-être pas même encore inventés. Peut-être, après tout, que le moi n'existe pas ?

Il nous arrive de ressentir particulièrement fortement le moi, par exemple lorsque nous luttons avec succès contre un besoin, mais ce sens du moi pourrait être une illusion, et la victoire apparente rien d'autre qu'un retournement d'alliance en faveur d'un autre besoin. En tout cas, l'étude de la résistance aux besoins primaires (les troubles alimentaires en étant un exemple extrême) peut être utile car au stade avancé de l'anorexie la chose qui résiste à l'alimentation n'est pas un besoin rival. Il ne semble pas y avoir de besoin naturel en compétition avec la faim – aucune raison de résister que les patients pourraient décrire ou exprimer – et pourtant il est possible de lui résister. Il est vrai que cette résistance démarre pour une certaine raison – la pression sociale qui donne envie de perdre du poids – mais ce n'est là qu'un facteur déclencheur, déclenchant la mobilisation des cellules et des circuits dans une nouvelle et nombreuse armée qui à la fin n'a plus d'autres raisons que sa propre existence de ravager le corps. L'ampleur des destructions aveugles qu'elle cause révèle quelque chose de la biologie, comme un tremblement de terre particulièrement violent révèle la structure profonde de la terre en la chamboulant.

Les biologistes distinguent les mutations génétiques « gain de fonction » des « pertes de fonction », ce qui signifie que le gène a vu sa fonction augmenter ou diminuer. Ces mutations servent à révéler à quoi sert le gène. Savoir ce qui se passe quand quelque chose manque ou est en excès aide à comprendre le rôle de ce quelque chose. Les dures restrictions alimentaires de Micah, en dépit de tout ce qu'elles lui avaient fait perdre, ont commencé à m'apparaître comme un gain de fonction pour son moi, dans ce quelque chose qui permet de résister à la faim ou à la soif (cela ne veut bien sûr pas dire que cette forme déformée du moi est bonne pour l'être humain, pas plus qu'une mutation gain de fonction d'un gène est forcément bonne plutôt que destructrice). Mais si nous pouvions écouter le cerveau, nous entendrions certainement des circuits de neurones qui s'activent pour résister au besoin, au moins sous certaines conditions, et qui recrutent d'autres circuits alliés pour les aider à empêcher les actions que réclame la satisfaction de ce besoin.

C'était là, me disais-je, un bon point de départ, susceptible d'être testé pour explorer la question. Mais ce point de départ devait être compris comme une simplification, puisque le moi inclut des dispositifs de contrôle de bien d'autres besoins que manger et boire, incluant toutes les questions de principes et de valeurs. Une autre dimension du moi, qui en fait partie et aide à le définir mais est indépendante des questions de préférences et de besoin, joue aussi un rôle crucial : ses souvenirs.

Bien que commençant à ressentir la fraîcheur, je n'avais pas du tout envie de quitter ce clair de lune parfait. Je me disais que les souvenirs de ce que l'on a ressenti ou fait sont des parties importantes, et tout aussi fondamentales, du moi. Si une force externe en venait à changer mes souvenirs, j'aurais tout autant l'impression d'une perte du moi que si l'on avait par exemple changé mes préférences.

Lorsque l'on se demande quelle est la part la plus importante du moi, il faut se demander qui pose la question.

Depuis mon toit, entre bouches d'aération et portiques métalliques, je me disais de n'importe qui dans le monde – les gens avec qui je travaille, les dirigeants, les inconnus dans la rue – que leurs préférences définissent mieux leur moi que leurs souvenirs. En fait, le plus important est que tout changement de ces préférences aura plus d'importance pour moi. Mais le moi des autres forme une autre catégorie que mon propre moi, pour qui les souvenirs importent plus que les préférences. Les êtres aimés entrent sans doute dans une catégorie intermédiaire : les souvenirs de mon fils sont aussi importants que ses priorités. Peut-être cela traduit-il un certain estompement des frontières du moi ? Les relations nouées par l'amour étendent le moi à travers le monde.

Pourquoi nos souvenirs ont-ils une telle importance pour notre sens du moi, comparable à celle de nos principes moraux ? Puisque nous ne contrôlons pas nos souvenirs, il est curieux que nous les tenions pour une part essentielle de nous-mêmes.

Réfléchissant à ce mystère sous les étoiles, je commençais à concevoir une réponse d'ensemble. Peut-être le sens du moi ne provient-il pas de nos seules préférences, de nos seuls souvenirs, mais des deux pris ensemble et définissant notre trajet à travers le monde ? Peut-être le moi n'est-il autre que ce trajet ? Un trajet non seulement dans l'espace, mais à travers une réalité à plusieurs dimensions, dont le temps, l'espace et peut-être aussi les valeurs, ce qui vaut ou non la peine d'être vécu, dessinant des vallées de récompense et des crêtes de douleur.

Nous ne sommes pas définis par les passages et les obstacles placés sur notre chemin par d'autres, par la nature, ou par les besoins du corps. Ces détails nous importent peu. Ils vont et viennent, modifient les vallées, les crêtes et le paysage, mais le moi choisit son trajet. Les préférences choisissent le chemin. Nos moi ne sont pas la topographie de ce paysage complexe, ils sont le trajet que nous y empruntons. Les souvenirs servent à en marquer la trace, incarnée en nous.

C'est ainsi que je pouvais concevoir la fusion des souvenirs et des préférences dans l'unité du chemin.

Il n'était pas évident de voir que faire de ces idées, et un nouveau bip m'arracha à ces réflexions et me contraignit à redescendre à l'hôpital. Bien que je me sois posé ce genre de questions durant toute ma formation médicale, ce n'est que quinze ans après ma rencontre avec Emily que les neurosciences ont pu apporter quelques éléments de réponse. Ils étaient exprimés dans un langage insistant sur la faim et la soif, la consommation de nourriture et de boisson.

*

L'ange déchu du Paradis perdu de Milton considère la perte des choses de ce monde comme tout à fait triviale comparée à la stabilité et la sécurité du moi, d'*un esprit que ne changeront ni le temps ni le lieu*, même lorsqu'il vient d'être précipité en enfer, une situation bien connue des patients atteints de troubles alimentaires et de leurs familles. La plupart d'entre nous connaissent cette défense et y ont déjà eu recours. *Ici du moins/Nous serons libres*. La souffrance est tolérable si elle est le prix de la liberté.

Cette perspective aide à définir de manière utile le moi, comme préférant la souffrance à la tyrannie des besoins et du confort. Le moi est et génère sa propre place dans l'espace et le temps, définie non par les circonstances, mais par le choix d'un chemin qui résiste aux besoins. Mais où sont donc les cellules ayant la capacité de tracer ce chemin, de définir une trajectoire dans le monde qui résiste à un besoin intense (sans lui en substituer un autre) ? Un tel circuit produirait un type particulier de liberté, et chez certains patients un enfer particulier. Les neurosciences ont récemment apporté un peu de lumière sur ce problème, commencé à éclairer la question des besoins et du moi.

La faim et la soif, deux des plus puissants facteurs de l'activité animale, prennent naissance dans l'émission de signal d'un groupe de neurones enfoui profondément dans le cerveau, peu nombreux mais très influents. Ce fatras de neurones, impliqués dans un grand nombre de fonctions qui semblent n'avoir aucun rapport entre elles, forme l'hypothalamus et ses contours. Le préfixe *hypo* indique qu'il a, au cours de l'évolution, progressivement été comme enseveli *sous* des masses de sédiments neuraux : le thalamus, plus grand, lui-même sous le striatum, encore plus grand, qui est recouvert du cortex, dernière structure apparue, qui constitue la surface du cerveau.

Certaines des toutes premières expériences d'optogénétique ont été menées dans ces profondeurs. En 2007, un type de neurone de l'hypothalamus, ceux qui secrètent de l'hypocrétine, a été rendu sensible à la lumière émise par une fibre optique. Cela a permis de contrôler artificiellement l'éveil, le sommeil, et le sommeil paradoxal des rêves. Quelques millisecondes de lumière bleue, émis vingt fois par seconde, en direction de ces cellules entraîne le réveil de la souris endormie, même durant son sommeil paradoxal, bien avant son réveil habituel.

Les neurones de l'hypothalamus, mélangés de manière assez chaotique, ne sont pas seulement impliqués dans le sommeil, mais aussi dans la sexualité, l'agressivité, la température corporelle, ainsi que la faim et la soif, soit en fait à peu près tous les besoins élémentaires. Chacun de ces groupes de cellules sert d'émetteur des besoins individuel, qui les impose (ou tente de les imposer) à l'ensemble du cerveau, et au moi où qu'il se trouve, pour déclencher des actions qui vont satisfaire ces besoins, activant les leviers de la souffrance et du plaisir pour renforcer ces actions. Mais toutes ces cellules sont imbriquées les unes dans les autres dans un réel chaos, ce qui empêche les scientifiques d'y accéder séparément pour tester leur rôle dans les comportements.

L'optogénétique a permis de concevoir des expériences de gain ou de perte de fonction qui ont révélé comment des activités spécifiques au sein de groupes de cellules, parfois même d'une seule cellule, induisent ces besoins primaires. L'optogénétique a permis de tester lesquelles de ces cellules enfouies dans l'hypothalamus, dont on savait qu'elles étaient naturellement actives au moment de ce besoin, causaient la faim ou la soif, et les comportements d'alimentation ou de prise de boisson. On sait ainsi, par quelques flashs de lumière laser activant ou inhibant des cellules ciblées, rendre une souris rassasiée affamée, ou à l'inverse supprimer toute prise alimentaire chez une souris ayant faim.

Des expériences comparables ont été faites sur les cellules impliquées dans la soif. Elles montrent de la manière la plus nette comment les choix d'activité d'un animal peuvent être déterminés par l'activité électrique d'un très petit nombre de neurones localisés dans une région très profonde du milieu du cerveau. Elles n'ont pas permis de trancher le vieux débat sur l'existence du libre-arbitre, mais ont aidé à le poser en termes nouveaux. Personne ne peut nier que quelques pics d'activités électriques dans une poignée de cellules peuvent contrôler les choix et les actions d'un individu.

Lorsqu'il observe ces expériences chez la souris, un psychiatre est souvent assailli par des souvenirs pénibles de patients boulimiques ou anorexiques, se gavant de nourriture ou au contraire s'en privant de manière insensée. Les expériences d'optogénétique sur la faim et la soif ouvrent une voie de principe pour l'invention de traitements ciblant précisément ces cellules de l'hypothalamus.

Il y a cependant une différence cruciale entre ces expériences et la réalité des maladies, et cette différence est importante tant pour la compréhension fondamentale que pour l'invention de traitements. Avec l'optogénétique, nous avons un accès direct aux cellules qui émettent les signaux de la faim et de la soif. Mais les patients boulimiques ou anorexiques, en dépit de leurs actes extrêmes, savent toujours que la faim, du moins le vide, est là. Tout ce qu'ils font sert à contrecarrer cette sensation, rendant par exemple le vide positif. Puisqu'il ne peut accéder à l'hypothalamus, qui fonctionne hors du contrôle du moi, c'est tout ce qu'il peut faire : assembler tous les opposants aux cellules du besoin en une alliance suffisamment nombreuse et puissante pour les empêcher de déclencher les actions de récompense.

Est-ce par ce type de mécanisme que la boulimie et l'anorexie deviennent parties prenantes de la personnalité des malades ? En s'installant au-dessus des circuits du moi, comme un parasite, un virus détournant la machinerie cellulaire ? Ce n'est qu'ainsi que la maladie peut avoir accès aux capacités de résolution de problèmes de l'esprit humain : en recrutant tous les circuits auxquels le moi a normalement, et doit avoir, accès, pour transformer la faim en un problème à résoudre.

Cette action subversive, qu'approuve au début le patient – pour qui affronter la faim est un défi –, permet de détourner toutes ces facultés si développées par l'évolution dans nos cerveaux : résoudre des problèmes, que ce soit de manière générale ou abstraite, et faire face à des besoins et des situations entièrement nouvelles, que l'évolution n'avait pas anticipées. Peut-être ne souffririons-nous pas de ces catégories de maladies si nous n'étions pas des spécialistes polyvalents de la résolution de problèmes ? Je m'étais dit, le jour où nous avions perdu, puis retrouvé Emily, que des patients différents résolvent un même problème de manière différente. Certains recourent aux circuits spécialisés dans la répétition d'action, comme le striatum (générant des plaisirs compulsifs à compter, frapper, creuser, se gratter, ou tisser). D'autres utilisent peut-être ceux du cortex frontal qui freinent nos actions (et qui nous empêchent par exemple de manger, même si nous avons faim, lorsque les circonstances sociales ne le permettent pas).

Ces possibilités sont intrigantes, mais n'ont rien d'extravagantes. En 2019, des expériences d'optogénétique ont mis en évidence des groupes de cellules isolées dans le cortex frontal qui sont naturellement actives durant les interactions sociales, mais pas pendant l'alimentation. Et leur activation optogénétique, elles peuvent supprimer le comportement alimentaire, même chez la souris affamée. Quoi qu'il se passe chez tel ou tel patient, les circuits impliqués sont puissants et étendus, même si certains sont apparus récemment dans l'évolution, comme le binôme entre le cortex qui résout des problèmes et le striatum qui renforce les actions.

Les rongeurs ont des cerveaux bien plus petits que les nôtres, avec relativement moins de néocortex, ce qui fait que les souris sont peut-être moins susceptibles de résister à des besoins. Une série d'expériences d'optogénétique démarrées en 2019 a permis de démontrer que certaines régions du néocortex peuvent résister à des besoins très puissants. Si on active optogénétiquement les neurones profonds de la soif chez une souris qui a accès à de l'eau à volonté, l'animal va se mettre à boire intensivement. Pourtant, une petite partie du cerveau semble ne pas être dupe, et savoir que cette soif n'est pas réelle. L'activité de ces circuits n'est que peu affectée par le besoin. Ce résultat a été l'un de ceux obtenus par des expériences de suivi de l'ensemble de l'activité cérébrale, avec de longues électrodes capables d'enregistrer l'activité de dizaine de milliers de neurones, que j'attendais avec impatience depuis des années.

Une des surprises de ces expériences a été de constater que la plupart du cerveau, y compris des régions connues pour être uniquement sensorielles ou liées au mouvement, est impliqué dans le simple comportement de recherche d'eau lorsque l'animal a soif. Peut-être cela traduit-il le fait que le cerveau tient informées toutes ses parties des mouvements et buts de l'action, de manière à ce que tous les actes soient perçus comme provenant du soi. C'est bien cette unicité du soi qui est en défaut dans des pathologies comme la schizophrénie, dans laquelle des actions simples son ressenties comme étrangères, et ne provenant pas de soi.

Plus de la moitié des neurones enregistrés à travers le cerveau se sont avérés être impliqués lorsque la souris recherche de l'eau, que ce soit lorsqu'elle a réellement soif ou lorsque on induit cette sensation par optogénétique. La vieille histoire (que l'on sait aujourd'hui fausse) des seulement 10 % du cerveau que nous utiliserions s'avère ici définitivement invalidée. Toute action spécifique, rechercher de l'eau dans notre exemple, mais l'idée peut être généralisée, implique la quasi-totalité du cerveau avec des motifs d'activité très spécifiques.

Une autre découverte importante issue de ces expériences a été l'identification des régions refusant de se laisser intimider par ce besoin impérieux. Ces quelques régions corticales, évolutivement les plus récentes, perçoivent clairement le signal de la soif mais n'y réagissent pas. Leur activité n'est que peu modifiée, et elle ne ressemble pas du tout à ce que l'on observe lorsque la souris a naturellement soif. Cette résistance s'observe à la fois dans le *cortex préfrontal* (une région dont on sait qu'elle est impliquée dans l'élaboration de plans de déplacement complexes) et le *cortex rétrosplénial* (une région étroitement reliée au cortex entorhinal et à l'hippocampe, tous deux impliqués dans la navigation spatiale et la mémoire des lieux). Cette observation s'accorde avec l'idée du soi comme chemin. On avait déjà observé chez l'homme l'activation des cortex préfrontal et rétrospléniale dans des situations de pensée indépendante des stimuli, c'est-à-dire lorsque l'on demande à un sujet de rester assis et de ne penser à rien de particulier, juste à soi-même. À l'inverse, les régions corticales voisines (notamment le cortex insulaire et le cortex cingulaire antérieur) présentent exactement les mêmes motifs d'activité neurale que lorsque la souris a naturellement soif.

Il apparaît donc que de nombreuses régions du cerveau perçoivent et codent la sensation naturelle de soif, de manière à déclencher les actions appropriées qui vont permettre à l'animal de rester en vie. Mais au moins deux régions, – le cortex préfrontal et le cortex rétrosplénial, peut-être du fait de leur rôle dans la navigation spatiale et la création du soi – en savent plus sur ce que doivent être les priorités de l'animal, se souvenant d'où il est allé et ce qu'il y a fait, indépendamment du besoin de boire. Ces deux régions sont évolutivement récentes, typiques des mammifères, et considérablement développées dans notre lignée.

Les troubles alimentaires pourraient tirer leur force de ces résistances, reposer sur cette armée permanente, retranchée dans des casernes neuronales, toujours en alerte et prête à être recrutée par la maladie. Comme le trajet du moi que j'imaginais sur mon toit au clair de lune en pensant à Emily, ces régions peuvent l'emporter sur toutes les autres et gagner la guerre.

*

J'accompagnais Emily de la cafétéria jusqu'à sa chambre. Il allait falloir entamer des négociations, mais ne jamais la laisser seule. En soi, il n'est pas interdit de se gaver et de se purger, mais Emily avait volé de la nourriture, ce qui nous donnait un moyen de pression légale. Sonia fut la première à s'asseoir à côté d'elle, Sonia qui avait retrouvé sa force et sa sérénité. Emily allait enfin pouvoir se reposer, sous cette surveillance permanente qui l'empêcherait de s'adonner à ses compulsions alimentaires, et entamer un parcours de soin avec des consultations régulières. La boulimie était encore récente chez Emily, et il était sans doute encore possible d'y faire quelque chose. Nous étions assez confiants lorsqu'elle quitta l'hôpital, deux jours après.

J'étais bien moins optimiste pour Micah, la quarantaine, chez qui les troubles étaient profondément enracinés. Nous avions déjà tenté tout ce qu'il était possible de faire. Nous pouvions continuer à le nourrir artificiellement avec le tube nasogastrique lorsque son rythme cardiaque et sa pression sanguine devenaient dangereusement bas, mais la légalité de cet acte était discutable, et nécessitait en tout cas de son consentement informel. Il n'était ni suicidaire ni dangereux, deux des situations dans lesquelles la loi autorise des traitements psychiatriques d'office. Il n'était pas non plus incapable de subvenir à ses besoins vitaux. Il en était parfaitement capable, mais choisissait de ne pas le faire. Les médecins peuvent aussi procéder à des soins sans consentement lorsque le patient est hors d'état de comprendre le traitement et de donner son accord, mais, là aussi, Micah comprenait parfaitement sa situation et ses conséquences. Il n'était ni délirant, ni psychotique. Il souhaitait juste donner à son corps une forme tout à fait inhabituelle, en en assumant tous les risques. Ce n'est ainsi qu'il serait enfin libre.

Micah acceptait le tube nasogastrique pour se moquer de moi, l'enlevant ensuite durant la nuit. Je me demandais comment il me percevait, ce que je représentais pour lui. Naïf et maladroit, ou alors arrogant et menaçant, ou plus probablement pas même digne de ses pensées. Sa double maladie lui avait fixé un trajet à travers de montagnes de souffrance, et tout ce que je pouvais faire ou dire n'avait aucune importance, tout au plus un petit caillou dans la chaussure. Il refusa notre ultime tentative, une faible dose d'olanzapine qui aurait pu l'aider à réorganiser sa pensée et, par un effet secondaire bienvenu, lui faire reprendre un peu de poids. Je quittai le service une semaine après, laissant Sonia s'occuper de Micah. Quelques jours plus tard, on le transféra vers un hôpital de jour, sans guère d'espoir.

*

À la fin du mois, Sonia s'évanouit lors d'un dîner réunissant toute l'équipe de psychiatrie chez l'un de nous. Je ne l'avais pas vue depuis trois semaines. David, un neurochirurgien, et conjoint d'une psychiatre, lui proféra les premiers soins. Sonia n'avait pas totalement perdu conscience. On la transporta sur un canapé, où on lui donna un jus d'orange. Nous la laissâmes se reposer sous la surveillance de David. Mais au bout d'un temps, celui-ci vint pour me donner de ses nouvelles, semble-t-il parce que j'étais celui qui la connaissait le mieux, et me fit un véritable rapport médical.

Quoique inquiet et désireux de lui parler en tête à tête, je me souviens avoir été frappé par le caractère impeccable de son rapport. Il l'avait examinée en détail, sans instrument, juste par palpation, de ces gestes de pianiste que pratiquent les médecins pour songer les organes et les réflexes, et avait conclu à une déshydratation sévère. Elle avait travaillé très dur, tout en courant chaque matin, et s'était peu nourrie, avait-elle expliqué. Ce jour-là, elle s'était contentée de carottes et d'un peu de café.

Tout en écoutant David, j'essayais d'entrevoir Sonia de l'autre côté de la pièce, toujours allongée. Elle était exactement comme lorsque nous travaillions ensemble, ni affaiblie ni amaigrie. Qu'avais-je donc manqué chez Sonia la forte ? Ou peut-être venait-elle seulement de prendre ces nouvelles habitudes, après avoir passé les dernières semaines auprès d'un autre envahissant.

Si quelqu'un peut un jour résoudre l'équation de l'équilibre du poids corporel et comprendre comment on peut lutter contre le besoin aussi fondamental, ce devrait être Sonia. Elle avait son mouvement propre, son chemin propre, et il n'y a pas de soi sans son propre trajet.

Chapitre 7

Moro

« Le barrage est rompu, les digues sont emportées,
Les prairies sont inondées, le bétail s'est noyé,
La terre fidèle est devenue perfide,
Plus rien ne subsiste qu'un chaos flottant
Arbres et maisons emportés – était-ce son heure
À cet homme jeté dans l'ombre sans un bruit
Mort, après avoir tant travaillé
Et supporté son fardeau de pierre ?
Non, non. Je l'ai vu le soleil couché
Dans l'eau, tenant sa dernière rame
Sur son jardin, de plus en plus sombre…
La charrue l'a retourné, l'eau a emporté les pousses…
Ferme, il va vers le rivage,
Le visage retourné, les poches pleines de graines. »

Edna St. Vincent Millay, « Épitaphe pour la race humaine »*

« Mr Norman, en 4A. Ancien combattant de quatre-vingt ans, longs antécédents de démence multi-infarctus. Conduit aux urgences hier par

---

* Traduit par Nicolas Chevassus-Au-Louis.

sa famille ». La voix de l'interne au téléphone était nerveuse et pressée. « Ils disent qu'il a peu à peu cessé de parler. En quelques mois, il est devenu complètement mutique. C'est le seul symptôme nouveau ».

Cette histoire médicale m'évoquait une maladie neurologique et le spectre d'une nouvelle attaque – du fait de ses antécédents – mais il était bizarre que la maladie évolue sur plusieurs mois. J'étais intrigué, une sensation qui me rappelait celle que produit une ouverture atypique lors d'une partie d'échec. Je me sentais un peu coupable d'y prendre plaisir. Je me basculais en arrière sur ma chaise, observant le plafond crasseux à la peinture écaillée de la petite boutique de sandwich de l'hôpital. « Intéressant » dis-je, mais l'interne me coupa la parole et reprit.

« Le patient est arrivé ici de Seattle, après le décès de son épouse. Il vit depuis quelques mois avec la famille de son fils à Modesto. La famille craignait une nouvelle attaque, mais il n'y avait rien sur le scanner que nous avons fait cette nuit, juste de vieilles lésions de la matière blanche. Il a été admis pour une infection urinaire, que nous avons traitée, et nous avons ensuite voulu examiner son problème de langage. Et là, tu sais quoi ? »

L'interne fit une pause. En dépit de son débit de parole survolté, on sentait qu'il était lui aussi intrigué. Les moments de plaisir intellectuel sont souvent brefs, dans une vie hospitalière, où l'on n'a guère le temps de satisfaire sa curiosité. Là, il semblait que nous allions pouvoir en profiter.

« Et bien il s'est mis à me parler ! », poursuivit l'interne, « il s'avère qu'il peut parler quand il le veut. Il a juste un sale caractère. Il n'en a rien à faire de personne, ni de sa famille qui se fait des soucis pour lui. Il est très froid, glacial même. Une personnalité antisociale. Je me demande bien ce que tu en ferais ! » Un bruit de dossier que l'on feuillette. On est en train de se faire transmettre son dossier médical de Seattle mais leur petite clinique est fermée jusqu'à lundi. Son fils est là mais il ne connaît pas ses antécédents. Ils ne sont pas proches. C'est pas étonnant. Mon chef de service m'a dit de t'appeler pour un examen psychiatrique, parce qu'on ne trouve rien d'autre. Je ne pense pas qu'il soit dément, parce qu'il n'est pas désorienté. On pourrait faire un essai d'halopéridol, mais il fait attention parce que son QTc est à 520. De toute façon, je pense qu'il n'aime pas les gens. Ça devrait aller vite. »

L'interne avait raison de penser à des effets secondaires sur le rythme cardiaque. Si l'intervalle entre deux pics à l'électrocardiogramme était déjà à 520 millisecondes, l'halopéridol ou d'autres médicaments risquait de causer une sérieuse arythmie. Je n'étais pas convaincu par l'idée de trouble de la personnalité antisociale, et d'autres diagnostics me tournaient dans la tête. J'imaginais une forme de démence avec accès de désorientations que l'on rencontre chez les personnes âgées et qui sont un effet secondaire de certains médicaments, ou parfois de maladies peu graves, comme une infection urinaire. Il était possible qu'il ait été examiné dans une phase de lucidité, ce qui expliquerait qu'on l'ait trouvé orienté.

Les médecins passent souvent à côté des formes silencieuses de démence, avec retrait, silence et prostration – et un tourbillon intérieur de confusion –, parce qu'ils ont plus l'habitude des formes démonstratives, actives et bruyantes.

D'un autre côté, si l'interne avait en partie raison de penser qu'il ne s'agissait pas d'une démence mais d'une question de personnalité, alors il était plus probable que l'on soit face à des modifications de la personnalité induites par la démence plutôt qu'à un trouble de personnalité antisociale. L'absence d'empathie, qui est un des signes distinctifs de ce trouble, serait plutôt un trait de caractère présent la vie durant, et qui n'aurait pas, aussi déplaisant soit-il, frappé la famille. L'imagerie du cerveau était aussi en faveur de l'hypothèse d'une démence, parce qu'elle montrait un processus explicatif : des interruptions de l'irrigation sanguine assez longs pour tuer les cellules par manque de sang et d'oxygène dans les profondeurs du cerveau.

Les conséquences de ces infarctus se voient sous la forme de petits amas de tissus morts au scanner, même après des années. Ils forment des trous dispersés qui interrompent les réseaux de fibres qui relient à longue distance les différentes régions du cerveau, donnant aux images de scanner l'apparence de petits lacs sombres vus du ciel. Même chez des patients qui ignorent avoir fait une attaque, des méthodes plus sensibles, comme l'imagerie par résonance magnétique (IRM), permettent de visualiser ces petits blocages des vaisseaux sanguins, répartis un peu partout, comme des étoiles s'allumant dans un coucher de soleil d'un cerveau sombrant dans la nuit.

Les troubles de la personnalité sont on ne peut plus commun dans les démences. Ils surviennent dans tous les types de démence, à toute étape de la maladie, et particulièrement à la fin, lorsque les parties du cerveau qui gouvernent le sens des valeurs sont touchées. J'ai déjà vu des patients atteints de maladie d'Alzheimer présenter pour la première fois des colères violentes, presque explosives. Des patients souffrant de maladie de Parkinson développer soudainement des attitudes à risque. Ou des patients ayant une démence fronto-temporale devenir uniquement centrés sur eux-mêmes, un peu comme des enfants, ce qui peut être confondu avec une attitude antisociale.

La perte de mémoire est le symptôme le plus classique de la démence, mais cette dernière n'est pas synonyme d'amnésie. Plus fondamentalement, la démence implique la perte de l'esprit. Les souvenirs – ensemble de sensations, de sentiments et de connaissances accumulées au long du voyage d'une vie et qui donnent sa coloration et son sens au passé – s'effacent en même temps que les valeurs qui expliquent et structurent ce passé. Les changements de personnalité et le bouleversement des systèmes de valeur peuvent être aussi violemment reçus que la perte de mémoire, comme une transformation fondamentale de l'identité intime, de l'essence de soi, de ce qu'une personne est depuis si longtemps.

Même si je pensais à une démence, je ne pouvais conclure sans avoir examiner le patient. Et puis peut-être l'interne avait-il vu juste, peut-être un trouble de la personnalité antisociale bien dissimulé avait-il été masqué par une autre pathologie, comme l'infection urinaire. Je pensais à la froideur des antisociaux, et me préparais mentalement à affronter leur indifférence ostentatoire, leur regard glaçant de serpent qui vous fait ressentir que vous n'êtes rien pour eux.

C'est un samedi après-midi calme de fin de printemps, la consultation psychiatrique de garde n'était pas là, et j'étais le seul psychiatre de l'hôpital. C'était pour moi. Je me levais, finis mon café, enfilais mon armure – blouse blanche, stéthoscope, stylo à la poche, marteau à réflexe – et me rendis au quatrième étage.

*

Tous les grands services de l'hôpital proposent à leurs médecins d'avoir à la demande le regard d'un psychiatre, en particulier pour leurs cas les plus complexes. Répondre à ces sollicitations de confrère dans ce que l'on appelle au sein du service de psychiatrie l'équipe de liaison est une dimension importante de notre travail. On cavale à travers tout l'hôpital, des soins intensifs où l'on prend en charge les délires à l'obstétrique où l'on évalue les psychoses post-partum en passant par la chirurgie, avec souvent la possibilité d'un consentement éclairé du patient à établir, et parfois plus crûment un transfert vers une unité fermée à organiser d'urgence.

Les cas les plus compliqués, avec des pathologies de tout ordre, peuvent en venir à mobiliser tout l'hôpital à la fois. Ce n'était apparemment pas le cas, mais je fus surpris, en prenant connaissance du dossier médical, que plusieurs avis avaient déjà été demandés avant que l'on m'appelle, le dernier en date étant celui de neurologie. J'étais le dernier espoir pour Mr N., comme on écrit respectueusement dans la culture des hôpitaux d'anciens combattants.

Les notes de mes confrères permettaient d'envisager d'autres possibilités que celles que m'avaient indiquées l'interne, dont des formes de maladies de Parkinson. L'orthophoniste avait, à juste titre, souligné que cette maladie peut se manifester par des mouvements ralentis et une diminution de la parole. Mais les neurologues, les seuls à même de diagnostiquer un Parkinson, n'avaient trouvé aucun signe de la maladie. Ils avaient observé une mauvaise mémoire à court-terme et une démence multi-infarctus. Ils avaient également noté que Mr N. ne souriait jamais spontanément, mais qu'il pouvait le faire si on le lui demandait, ce qui excluait la possibilité d'une forme de paralysie faciale que l'on trouve dans certains Parkinson.

Les neurologues confirmaient aussi, à la vue ses scanners, l'existence de plusieurs attaques distinctes survenues récemment, mais aucune susceptible d'expliquer les troubles du langage. Et c'est ainsi que l'on avait appelé, après ce tour des spécialités, la psychiatrie, alors que l'on se débattait dans l'inconnu.

Je trouvais Mr N. au lit, très droit, étonnamment calme. Sa tête dégarnie reposait sur trois oreillers et ses joues semblaient briller légèrement sous les néons qui éclairaient la chambre. Après mon examen, j'exclus moi aussi la possibilité d'une maladie de Parkinson, car il n'y avait aucun signe ni de rigidité des membres, ni de tremblement. Il n'y avait pas non plus de catatonie, un syndrome rare d'immobilité qui peut survenir dans des psychoses ou des dépressions, puisqu'il pouvait, si on le lui demandait, boucher chacun de ses muscles.

Une démence pouvait aussi presque certainement être exclue, avec cependant un petit risque, improbable, que je l'aie examiné dans un nouveau moment de lucidité. Comme l'avait souligné l'interne, Mr N. parlait, il m'avait dit quelques mots. Certes, ce n'était que quelques mots en réponse à une question factuelle plusieurs fois répétée, mais c'était assez pour établir qu'il se repérait dans le temps et l'espace. Il savait qu'il était à l'hôpital, il connaissant le nom du président des États-Unis, il savait même dans quel État nous nous trouvions. Il connaissait le nom de son fils – Adam, de Modesto – qui l'avait conduit à l'hôpital et lui avait donné deux petits enfants.

Il refusait de répondre aux questions sur la manière dont il se sentait, en restant impassible ou en m'adressant un bref signe de la tête pour dire non. Mais un de ses refus avait un trait subtil qui nécessitait un sens particulier de l'observation pour être perçu. Dans un examen de l'état mental général, un psychiatre demande toujours à savoir ce qu'il en est des loisirs et des petits plaisirs du quotidien, s'ils se poursuivent et s'ils sont appréciés. La question semble un peu formelle, mais la réponse en dit long sur la motivation et la capacité à éprouver du plaisir. Et sa réponse était non verbale – juste un genre de grimace, par laquelle il tordait un coin de sa bouche –, manifestant une forme de dégoût de soi incompatible avec une démence ou une personnalité antisociale.

J'étais face à une responsabilité importante, que ni l'interne ni moi n'avions anticipé. Après cette évaluation de son état mental, il me fallait évaluer la possibilité de dépression, éventuellement accompagné de paranoïa (ce qui arrive dans les dépressions sévères et pourrait expliquer la réticence à parler). Et il me fallait évaluer le risque suicidaire, ce qui n'était pas simple chez un patient ne parlant presque pas, alors que tous les critères de diagnostic en psychiatrie reposent au fond sur le langage.

Si Mr N. était happé par une dépression psychotique, le rendant de plus en plus indifférent au monde extérieur à mesure qu'il était paralysé de l'intérieur par les hallucinations et la paranoïa, il ne fallait absolument pas rater cette possibilité, car ce genre de pathologie peut être pris en charge par des stratégies médicamenteuses adaptées. Et même la possibilité qu'il n'y ait pas de psychose, mais juste un état dépressif tel qu'articuler quelques mots devenait un effort insurmontable, devait être envisagée. Une telle dépression sévère non psychotique pouvait être fatale, mais aussi traitable.

Il me fallait trouver un moyen de communiquer avec le patient sans qu'il ne parle. Remarquant une photographie posée à son chevet – une joueuse de basket-ball du lycée de Modesto – sans doute laissée par son fils, je demandai à M. N. de me montrer une image de sa petite-fille. Sans manifester la moindre émotion, la moindre fierté de grand-père, il m'indiqua d'un geste de la tête cette photo, mais sans la regarder lui-même. Il répondait à ma demande, et puis voilà. Il ne présentait en tout cas aucun signe de désorganisation psychotique.

Je pris la photo, l'examinai, lui montrai en lui demandant le nom de la jeune fille. Il n'eut pas un sourire, pas un mouvement des yeux, mais son regard n'était pas aussi sec qu'il n'y paraissait. Tout près de lui, je pouvais voir l'imperceptible scintillement de ses joues. Je l'avais d'abord pris pour une conséquence de sa transpiration, mais la chambre était fraîche. Mais je pouvais à présent en comprendre la raison, alors que je voyais ses yeux s'embuer. Il restait calme, et ne me dis pas le nom de sa petite-fille. Un silence nous entourait, assourdissant, hostile.

*

La perte du plaisir est un symptôme classique des troubles dépressifs majeurs, que l'on appelle anhédonie, et qui désigne la perte du sens de la beauté et de la joie de vivre. De même qu'un rhume peut faire perdre le goût et l'odorat, le sens du plaisir peut ainsi être affecté par la maladie.

J'avais souvent rencontré l'anhédonie de la dépression – cette incapacité à trouver motivation ou plaisir aux joies naturelles – mais ces rencontres étaient toujours troublantes. Je comprenais comment l'interne avait pu s'égarer vers un diagnostic erroné. Certains de ses symptômes peuvent être pris par les médecins comme les proches du malade comme un manque complet, quasiment reptilien, de chaleur humaine.

Combien de millions de personnes, au cours de l'histoire humaine, ont-elles vu leur dépression, les isolant et les faisant souffrir, se manifester ainsi par une colère intérieure et une frustration chez les autres, rendant plus compliquée encore la vie avec les autres manifestations de leur maladie ? Même en sachant cela, il me fallait travailler sur moi-même pour ne pas manifester d'hostilité à son égard. Savoir est une chose, comprendre en est une autre. Je savais, mais ne comprenais pas vraiment, ni comme être humain ni comme scientifique.

Pour comprendre comment le sens du plaisir peut ainsi disparaître, il faut d'abord se demander quand et comment le cerveau humain accorde à une expérience une certaine valeur. Quand et comment elle est apparue dans l'histoire de l'humanité ? S'il était possible de répondre à ces questions, nous comprendrions mieux la fragilité de la joie et du plaisir.

Il arrive qu'ils surviennent automatiquement. Nous ressentons alors un profond plaisir intérieur, un genre de récompense qui renforce les comportements importants pour la survie et la reproduction. Un de ces plaisirs pré-enregistré pourrait être celui d'interagir avec un petit-enfant, une expérience que nous jugeons tous positive, ce que l'expérience vient renforcer. Cette réponse (qui n'a rien d'universelle chez les mammifères) pourrait avoir acquis un intérêt pour la survie dans notre seule lignée, puisque plus les primates vivent vieux et en société, et plus la protection et l'éducation des jeunes prennent de l'importance. Ceux d'entre nous dont les circuits de la récompense et du plaisir se seraient reliés à l'idée d'une vaste famille auraient tiré un énorme bénéfice de cette innovation du câblage neuronal. Mais ces connexions, comme toute structure physique, sont tout aussi vulnérables que n'importe quelle partie du cerveau aux attaques. Selon le lieu affecté par l'infarctus, l'effet peut être spécifique et concerner un seul type de plaisir et de motivation (déclenchant ainsi une réorientation des priorités et un changement de personnalité) ou prendre un aspect envahissant affectant tout plaisir à vivre (d'où l'anhédonie non spécifique de la dépression).

Il arrive aussi que certains plaisirs n'aient guère de sens sur le plan évolutif, ce qui ne fait que souligner notre ignorance. Le plaisir de découvrir au loin une côte rude et sauvage, où on ne trouvera peut-être ni nourriture, ni eau, ni compagnie, est difficile à expliquer. Il ne procède pas de la joie de rentrer à la maison, même entendu d'un point de vue évolutif. Nos lointains ancêtres marins aimaient les milieux où l'eau et la terre se rejoignent, mais pas ce monde agité où les vagues s'écrasent sur les falaises. Cette partie de notre histoire s'est déroulée voici 350 millions d'années dans des marais peu profonds où les premiers poissons capables de respirer l'air se sont aventurés hors de l'eau.

Comment expliquer, dès lors, que nous trouvions tous ou presque splendide le spectacle d'une côte ? Y a-t-il un charme propre à regarder les vagues s'écraser sur les rochers, mettre en péril par leur violence le fragile rempart ? Ou peut-être les vagues nous rappellent-elles le bruit du vent dans la canopée, ou quelque souvenir de berceuse, avec son rythme doux et lancinant ? Quoi qu'il en soit, ce plaisir est réel, partagé et profond. Et pourtant rien ne l'explique. Ce n'est là qu'un exemple parmi tant d'autres.

Une des réponses possibles de la sélection naturelle à la question de la signification de la joie est qu'elle n'en a aucune. Le sens est mystérieux, et même absurde, pris du point de vue de l'évolution. Il n'y avait aucun sens à ce que les mammifères succèdent aux dinosaures dans la domination du monde, ce ne fut qu'un hasard, causé par l'impact, il y a 65 millions d'années, d'une météorite géante, qui entraîna d'autres désastres naturels pour aboutir à l'extinction de presque toute forme de vie dans une obscurité causée par l'immense nuée de poussière. Cela n'avait aucun sens, mais eu de sérieuses conséquences, comme de rendre d'un seul coup extrêmement précieux d'être petit, à sang chaud, vite rassasié, et aimant se dissimuler dans des trous.

Certains sentiments, et les comportements qui en découlent, peuvent provenir de telles associations nées du hasard, des caprices de l'environnement. Si un petit groupe de nos lointains ancêtres s'était senti particulièrement bien dans le milieu littoral, auprès des côtes, il aurait pu en résulter, par l'effet de goulot d'étranglement qui s'est exercé sur les populations humaines il y a quelques dizaines de milliers d'années, un effet fondateur : un petit groupe de survivant exerce une influence importante sur la population qui en découlera. Si ces rescapés survécurent en se nourrissant de moules, s'accrochant à leurs rochers comme des patelles tandis que la vie terrestre s'éteignait, il est fort possible que l'humanité survivante ait gardé un réel plaisir à voir la côte maritime qui ne se limite pas à sa singulière beauté mais s'explique aussi par la joie d'avoir échappé à l'extinction. Précisons que nous n'avons pas connaissance de tels évènements, même si la paléogénétique nous apprend que l'espèce humaine est passée près de l'extinction il y a cinquante mille ans. Nos plus mystérieuses émotions esthétiques, causées par ces empreintes de main sur les grottes, ont été laissées par des artistes qui luttaient pour leur survie. Elles sont aussi gravées dans nos génomes.

Lorsque nous ressentons en même temps, sans qu'il n'y ait eu apprentissage partagé, joie ou plaisir, il faut y voir un vestige du passé, laissé par les millénaires d'existence de notre lignée. D'une certaine manière, nos ancêtres ressentaient cette joie, et nous descendons d'eux. Mais les récompenses apprises posent de toute autre question. Les apprendre peut prendre une vie, même si elles ne durent qu'une minute. Le cerveau semble fait pour ingérer des informations nouvelles, et adapter rapidement son fonctionnement en réponse. C'est ainsi que se forment les souvenirs, et que les habitudes et les comportements changent au cours de la vie d'un individu. De tels modifications physiques rapides peuvent être étudiées en laboratoire, en un genre de modèle accéléré de ce que l'évolution accomplit beaucoup plus lentement. Les comportements appris peuvent être rapidement réglés en modulation la force de connexions cérébrales. Les comportements innés de recherche de la récompense sont peut-être réglés depuis des millénaires de la même manière : par la modification, guidée par l'évolution et s'exprimant par la génétique, de la modification de la force des connexions cérébrales. Qu'ils soient innés ou acquis, les sentiments peuvent être reliés à (ou au contraire détachés de) l'expérience par cette modification physique de la force des connexions. Deux concepts distincts – sentiment et mémoire – convergent ainsi, tant dans la santé que dans la maladie : anhédonie et démence.

*

Il nous fallait le dossier médical de Mr N. pour savoir si une dépression avait déjà été diagnostiquée, si des signes de psychose ou de catatonie avaient été observés, et si un traitement psychiatrique avait été essayé, avec ou sans succès. Ces éléments d'information étaient indispensables pour définir une bonne prise en charge, évitant les douloureux effets secondaires (une question particulièrement importante en psychiatrie gériatrique).

L'interne avait dit que la clinique de Seattle était fermée jusqu'à lundi, et nous n'étions que samedi soir. Il me fallait pourtant des informations pour proposer un traitement à l'équipe qui avait d'abord reçu le patient. Mais il se faisait tard, et Mr N. dormait. Il était dans un état calme, n'inspirant pas d'inquiétude. Je passai lui dire que j'en m'en allais et que je le reverrai demain en lui proposant un traitement. Il ne répondit pas.

Alors que je quittais sa chambre, presque déjà dans le hall, j'entendis une voix derrière moi dire « la nuit va être longue ».

Elle me glaça sur place. Une pleine phrase surgissait de ce patient qui n'avait jusque-là jamais parlé, ne concédant que quelques syllabes à nos questions répétées.

Je fis demi-tour et rentrai à nouveau dans la chambre. Il se tenait étrangement droit, me regardant droit dans les yeux. Le scintillement de ses joues était plus apparent encore, en particulier dans leur partie supérieure. Je ne voyais que lui, avec son visage gonflé et sa tête dégarnie, animé par chaque respiration, et toujours son regard fixé sur moi. Il ne disait rien. Il avait dit ce qu'il était important pour moi de savoir.

Après un long moment, je lui adressai mon plus chaleureux sourire, accompagné d'un clin d'œil complice. « Ne vous inquiétez pas, Mr Norman, on sera toujours avec vous. »

La nuit va être longue. La dernière phrase qu'il ait prononcée.

*

La longue évolution de la démence, qui s'étend sur des années ou des décennies, est presque certainement une nouveauté de la vie sur terre, produit de la médecine moderne et du soin accru des famille. Ces appuis, produits de nos cerveaux, rendent la démence possible, même si nous ne pouvons rien y faire. Il n'y a pas de traitement, et les quelques médicaments ne font que ralentir légèrement la progression de la maladie.

La psychiatrie considère aujourd'hui (cela changera sûrement à l'avenir) la démence comme un trouble cognitif majeur, qui ne peut être diagnostiqué qu'en présence conjointe d'une perte d'autonomie et de cognition (ce qui inclut tout ce qui est lié à la mémoire, au langage, aux fonctions sociales, sensorielles ou motrices, à l'attention, la planification et la prise de décision). La longueur et la diversité de cette liste de symptômes fait que l'on peut voir de la démence – comme tout trouble neurocognitif construit médicalement – dans n'importe quel trouble de la communication cérébrale qui peut se produire au cours d'une vie : dans les trous que font les attaques, dans les plaques amyloïdes de la maladie d'Alzheimer, dans les dégâts locaux que provoque l'accumulation des dommages.

Déconnexion, impossibilité d'échanger, perte des voies de communication : qu'est-ce qui, au juste, lui manquait ?

Même s'il est clair que des cellules cérébrales meurent dans les démences, on ne sait pas bien si les pertes de mémoire sont toujours dues à la disparition des cellules ou des synapses gardant ce souvenir. On peut aussi penser que, du moins dans certaines formes de lésions de la matière blanche observées dans les démences à multi-infarctus, les souvenirs sont toujours là, mais restent isolés et incapables d'être mobilisés du fait de la destruction des connexions qui les relient au reste du cerveau.

Si seul l'accès au souvenir était perdu, il serait toujours présent quelque part, mais impossible à réactiver. On peut aussi imaginer que la sortie soit lésée : que le souvenir puisse être parfaitement réactivé, mais empêché de parvenir à la conscience. Dormant dans la neige ou hurlant de manière silencieuse, un souvenir pourrait bien rester intact mais isolé, coupé du reste du cerveau par les petits trous, les mares, et les lacs créés par les infarctus locaux dans les connexions à longue distance du cerveau.

Sur le plan clinique une fraction importante des patients souffrant de démence à multi-infarctus présentent aussi une anhédonie, constat surprenant car les deux syndromes sont indépendants. Différentes études ont observé une augmentation, parfois très marquée aux stades avancés de la démence, de l'anhédonie chez les patients les plus âgés présentant aussi des troubles cognitifs. Ce lien entre sentiment et mémoire est peut-être plus profond encore : ces études ont aussi observé que l'anhédonie est d'autant plus probable que le volume des destructions de la matière blanche est important. Lorsque la mémoire s'effondre, les sentiments vacillent.

Les expériences d'optogénétique ont montré que la valeur, la valence selon le terme consacré, peut être reliée à un état cérébral par des connexions à longue distance traversant le cerveau : la valence associée à la libération de l'anxiété est en partie déclenchée par des projections du noyau du lit de la strie terminale associées aux circuits de la récompense sur cerveau médian. Ces curieuses constatations épidémiologiques humaines que sont l'association entre anhédonie et démence, ou ces deux dernières avec l'augmentation du volume vacuolaire, pourraient se comprendre si le processus causant le déclin de la mémoire (la destruction de faisceaux, entrant et sortant, de matière blanche) est aussi à l'origine de la perte de sentiments. Les cellules impliquées pourraient être toujours là, mais réduites au silence faute de connexions.

D'une certaine manière, la mémoire a aussi besoin de sentiments. Il n'y a guère de raisons de conserver le souvenir d'une expérience autre que l'émotion qu'elle nous a causée. Conserver de l'information prend de la place, consomme de l'énergie et pose à long-terme un sérieux problème : ces coûts ne peuvent être supportés sur le long terme de l'évolution s'ils n'apportent aucun avantage. De ce fait, le simple fait de stocker de l'information et de pouvoir y accéder, donc de fabriquer un souvenir et d'en faire usage, est souvent dépendant du fait que l'expérience en question *compte vraiment*, ce qui chez les êtres conscients de notre espèce se manifeste souvent par un sentiment. L'anhédonie pourrait ainsi non seulement être causée par le même processus que la démence, mais aussi aggraver à son tour la mémoire, ce qui augmenterait la corrélation entre les deux états.

De nombreux neuroscientifiques pensent aujourd'hui que la remémoration implique l'activation des mêmes neurones qui ont été activés lors de l'expérience initiale. Plusieurs expériences d'optogénétique ont cherché à tester cette idée, non dans les régions sensorielles du cerveau, mais plutôt dans des régions liées à la mémoire comme l'hippocampe et l'amygdale, en marquant les cellules activées lors d'expérience marquante (en l'occurrence une peur intense) et en réactivant une fraction d'entre elles plus tard, par la lumière, dans un tout autre contexte.

Dans les deux cas, les souris montrent des signes de peur, même en l'absence de qui l'avait créée lors de la première expérience inductrice... sauf la réactivation optogénétique de quelques-uns de ces neurones de la mémoire. Se souvenir implique donc la coordination d'un ensemble de cellules du cerveau capables de parler ensemble.

Si l'on peut ainsi se remémorer, en quoi donc consiste le souvenir lorsque l'on n'y pense pas ? Dans quelles molécules, cellules ou projections ces bits d'information sont-ils stockés ? En quoi consiste un souvenir – une expérience vécue, un savoir, un sentiment – lorsqu'il est dormant, attendant d'être rappelé ?

Beaucoup de spécialistes pensent aujourd'hui que la réponse à ces questions est une variable appelée *force synaptique*, qui mesure avec quelle force un neurone en influence un autre, ou, en termes d'émetteur et de récepteur, avec quel *gain*. Plus une synapse, ou une connexion fonctionnelle, est forte, plus la réponse induite par un signal donné dans la cellule émettrice sera élevée dans la cellule réceptrice. Même si cette idée paraît abstraite, cette modification de l'influence des synapses pourrait *être*, dans un sens physique et concret, la mémoire.

La force synaptique a plusieurs propriétés qui rendent cette idée plausible. Premièrement, des travaux de neurosciences théoriques ont prouvé que des modifications de la force synaptique pouvaient stocker de la mémoire de manière automatique (sans supervision intelligente) et la rappeler ensuite aisément. Deuxièmement, des modifications de force synaptique sont observés dans le monde réel, c'est-à-dire dans les neurones et les cerveaux, en réponse à des décharges d'activité ou de neurotransmetteurs. Certains motifs d'activité synchronisée, ou à haute fréquence, peuvent augmenter la force synaptique (potentialisation) tandis que des motifs désynchronisés, ou à basse fréquence, la diminue (dépression). Ces deux effets jouent sans doute un rôle dans le stockage mnésique.

Il est depuis longtemps très tentant de penser que la force synaptique le long d'une liaison entre deux régions du cerveau de mammifère pourrait être spécifiquement et directement modifiée pour ajuster le comportement. Cette idée ne pouvait être testée faute d'un moyen de stimuler sélectivement une projection définie par son origine et sa cible dans le cerveau de mammifère. L'optogénétique a ouvert cette possibilité. Une connexion donnée peut être rendue sensible à la lumière, et ensuite être à volonté stimulée à haute ou basse fréquence. Depuis 2014, plusieurs groupes ont pu montrer chez des mammifères que des modifications de la force synaptique dans une projection donnée peuvent induire des modifications puissantes et sélectives du comportement.

Les projections sont l'incarnation concrète du degré possible d'interaction entre deux parties du cerveau, que ce soit dans la santé ou la maladie. On sait par exemple que la force des connexions interrégionales prédit le degré de corrélation entre les activités des régions. On sait également que les corrélations interrégionales d'activité peuvent être reliées à certaines modalités de plaisir : une coordination réduite entre le cortex auditif et une structure profonde liée au circuit de la récompense (le noyau accumbens) prédit chez l'homme l'anhédonie musicale. De même, la récompense et le plaisir venant du fait de s'occuper d'un petit-enfant pourrait être permis par la faculté à établir une forte connectivité synaptique entre une région responsable des besoins et des récompenses (comme l'hypothalamus ou le circuit entre aire tegmentale ventrale et noyau accumbens) et une région impliquée dans la hiérarchisation des relations familiales (comme le septum latéral). Les forces synaptiques propres à ces projections pourrait favoriser certains comportements spécifiques qui se trouveraient ainsi récompensés, en particulier en cas d'expériences positives.

Dans cette perspective, la force synaptique de régions interconnectées est importante pour comprendre le développement et l'évolution de nos sentiments, car l'évolution peut aisément agir sur les forces de connexions interrégionales. Bien sûr, l'évolution n'a aucun point de vue sur la musique ou les petits-enfants, mais elle pourrait réguler les conditions qui font que l'on y prend ou non plaisir, en fonction des expériences vécues. La complexité génétique ne fait jamais défaut pour de telles régulations, vue la richesse de motifs d'expression génétique qui déteminent la diversité cellulaire dans le cerveau et le guidage neuronal.

Au final, la valeur, négative en cas d'aversion et positive en cas de récompense, n'est rien d'autre qu'un genre d'étiquette neuronale que l'on peut attacher à, ou détacher, des expériences ou des souvenirs. Cette flexibilité est cruciale pour l'apprentissage, le développement et l'évolution. Ce qui est facilement attaché peut tout aussi facilement être détaché, pour le bien ou le mal, dans la santé ou la maladie, et nous voyons maintenant comment aborder concrètement cette flexibilité. Les souvenirs, de même que les valeurs, pourraient résider dans les forces synaptiques, structures physiques innées ou acquises. Et le trajet qui mène, le long de l'axone, à la synapse est étroitement gouverné par des instructions des gènes à tel point que la synapse elle-même peut être modifiée par la spécificité de l'expérience. Ces trajets, nos joies, nos valeurs, tout cela repose dans des fils très fins qui peuvent être coupés, ces connexions qui portent nos souvenirs, ces projections qui nous font ce que nous sommes.

*

Je mis au courant le psychiatre de garde pour la nuit du samedi au dimanche, s'intercalant entre mes deux journées de garde. Je ne l'avais jamais rencontré. Il avait l'air excessivement sportif et énergique. Quoi que fatigué, je fis de mon mieux pour lui faire un résumé des patients qui étaient dans notre unité, avant de rentrer chez moi pour quelques heures de repos.

En retournant à l'hôpital le lendemain, roulant à travers les rues désertes de Palo Alto, mes pensées me ramenèrent à Mr N. Il y avait des questions logistiques à régler avant de commencer un traitement. Il nous fallait savoir qui était légalement habilité à donner son consentement, si Mr N. en était incapable. Il allait falloir discuter avec son fils, que je n'avais jamais vu. Mais je ne pouvais pas faire grand-chose : j'avais donné mon avis de psychiatre, mais ce n'était pas à moi de prendre une décision.

Après avoir écouté d'une oreille distraite le rapport du psychiatre de garde pour la nuit, qui avait l'air à présent hagard de fatigue, je jetai un œil au tableau d'affectation des patients. J'eus la surprise de constater que Mr N. n'était plus en 4A, mais avait été transféré dans l'unité de soins intensifs.

Mr N. avait fait une grave attaque durant la nuit, une heure après que je l'ai laissé. Son corps marchait bien, mais il avait peu de chances de pouvoir retrouver une vie indépendante. Son fils avait le pouvoir légal de décider des soins. Il avait donné pour consigne : ne pas réanimer, ne pas intuber.

Je me sentais stupide et impuissant. Il avait parfaitement raison : sa nuit allait être très longue.

*

Ce n'est qu'à la dernière extrémité de notre vie, une fois que nous avons rangé l'échiquier, qu'il n'y a plus de nouveaux coups à inventer, ni de plans de l'adversaire à déjouer, que nous pouvons vraiment nous juger, et dire si nos actions ont été des succès ou des échecs. Mais c'est aussi à ce moment que la mémoire défaille, cruel tournant d'une vie dont on aimerait trouver le sens.

Nous n'y parvenons pas, et nous finissons comme nous avons commencé, fragile et vulnérable.

Mr N. nous surprit en vivant encore plusieurs semaines après son attaque. Je vis deux ou trois fois un homme, que j'imaginais être son fils, faisan les cent pas dans le hall. Je me souviens m'être arrêté pour les regarder passer, tandis que son fils poussait le brancard où il était allongé et qu'il se dirigeait vers une baie vitrée. Le fils avait dit : *tu vois, il y a du soleil pour toi, papa.*

Mr N. avait beaucoup vieilli. Sa peau était grise et ramollie, il avait les yeux clos et la bouche ouverte, les lèvres un peu pendantes, et n'exprimait rien. Pourtant, sa tête dégarnie, seule partie de son corps à ne pas être recouverte d'une couverture, gardait une certaine dignité. Elle me rappelait son dernier effort pour me dire ce qui lui importait alors que le brouillard de la démence l'entourait et que la profondeur de la dépression avait presque tout emporté de lui.

Tandis qu'ils s'approchaient de la baie vitrée inondée de soleil, toute une équipe de médecin passa à côté d'eux dans un joyeux et bruyant désordre. Le fils de Mr N. accéléra un peu pour ne pas les gêner et, maîtrisant mal la manœuvre, cogna le brancard contre un mur du couloir qui tournait. Au moment précis de l'impact, les deux bras de Mr N. se levèrent immédiatement, l'un bien dressé vers le ciel, l'autre un peu moins raide, arrêté à mi-chemin, les paumes ouvertes et les doigts bien écartés. Stable et fort, dégageant une stupéfiante impression de vigueur.

La scène surréelle causa un soudain silence dans le hall. Tout le monde regardait, médusé, ces deux bras de vieillard tendus. Puis ils retombèrent. Et Mr N. retomba dans sa prostration.

L'équipe de médecin avait repris son pas rapide et son bavardage. Quelques secondes plus tard, ils avaient disparu à l'autre bout du couloir. Mais on pouvait encore entendre qu'ils débattaient de leurs vieux souvenirs de neurologie des réflexes.

*

Dans la démence, des réflexes de l'enfant reviennent, des mouvements chorégraphiés par l'évolution pour la survie des bébés primates. C'est le cas du réflexe de *Moro* (les bras se tendent lorsque le corps est lâché ou accéléré, ce qui représente sans doute un héritage de nos ancêtres qui grimpaient aux arbres, et a dû sauver la vie à bien des petits) et du réflexe des points cardinaux (si on touche doucement la joue, le bébé tourne la tête du même côté et ouvre la bouche, comme pour téter). Tomber de haut et perdre le contact avec sa mère : deux des terreurs instinctives des nouveau-nés.

Ces deux réflexes disparaissent au bout de quelques mois, mais reviennent avec la démence ou les lésions cérébrales. Ils ne sont pas recréés, car ils n'avaient jamais vraiment disparu, restant à l'état latent, inhibé par le contrôle cognitif et enfermé dans les fils de notre vie. Alors que le tissu se délite, le soi original appelle une dernière fois, dans un effort désespéré, la mère disparue depuis longtemps.

Toutes ces petites choses de la vie que l'on avait trouvées si importantes pendant des années et nous ont valu joies et chagrins l'avaient recouverte de son tissu. On ne la voyait plus, mais elle était toujours là. Et à la fin, alors que tous les fils craquaient, cette matrice fondamentale revenait à la surface. Elle redevenait le monde entier. Elle semblait à portée. Elle allait à nouveau nous protéger.

Lorsque les fils de l'esprit se désagrègent, lorsque les fibres s'effilochent en masse, lorsque les souvenirs et les actes se dissolvent, tout ce qui reste est ce qui était là depuis l'enfance. Tout ce qui subsiste est un doux bercement. Et lorsqu'il cesse, le bébé tombe de l'arbre ou dans la nuit qui le fait quitter le monde, il tombe en tendant désespérément les bras.

Une branche casse et tout s'arrête. Un petit bébé vivant dans les arbres, le geste cherchant sa mère, une chute à travers l'espace.

Épilogue

« Ma chambre à coucher toute bleue l'air si tranquille.
À peine un nuage dans la paix et le silence. J'aurais pu rester là-haut pour
toujours mais. C'est quelque chose qui nous manque.
D'abord nous croyons. Puis nous croulons. Et qu'elle pleuve maintenant
si çà lui plait. Doucement ou drument. À son gré.
De toute façon, qu'elle pleuve car mon heure est arrivée.
[...] C'est tout. Ave l'aval. Mes feuilles se sont dispersées. Toutes. Mais il
en est une encore qui s'accroche à moi. Je la porterai sur moi. »

James Joyce, *Finnegans Wake**

La navette va et vient, oscillant sur le front de la tapisserie, marquant le temps et l'espace comme un pendule, fixant les instants et les sentiments. Les fils de chaîne montrent le chemin à travers un espace informe, structurant – mais sans déterminer – ce qui va se produire. Cette progression continue de l'expérience dévoile les motifs et dissimule les fils de structure.

Mon fils aîné, celui que j'élevais seul pendant une bonne partie de ma vie de chercheur que raconte ce livre, est devenu un informaticien très qualifié en même temps qu'un étudiant en médecine très attentif à ses patients. Et un guitariste talentueux. Des fils qui se croisent peuvent soit créer, soit interrompre, un motif et la vie ne donne pas d'explications. J'ai à présent aussi quatre adorables enfants plus jeunes, une éminente

* Traduit par Philippe Lavergne (Gallimard, 1982).

médecin et chercheuse – également de mon université – spécialiste du genre même de tumeur du tronc cérébral qui avait emporté la petite fille qui louchait et faillit mettre un terme précoce à ma carrière médicale. Au cœur de toutes ces histoires, il y a un enfant perdu, mais que l'on peut toujours retrouver.

Toutes les sensations, les sentiments et les pensées que j'ai décrites dans ce livre me semblent à présent d'une texture bien plus riche, plus solide, que lorsque je les ai vécus la première fois. Mais le sentiment original est-il mieux défini, ou au contraire masqué, par toutes ces connexions formées avec le temps ? D'une certaine manière, peu importe. De même que l'on peut admirer des fils de chaîne cachés sans détruire la tapisserie, on peut accéder à nos sentiments premiers sans devoir couper connexions et souvenirs, et ainsi se perdre soi-même.

Des développements scientifiques en cours vont encore enrichir la texture des histoires racontées ici. Toute nouvelle découverte rend un peu plus complexe l'histoire de notre évolution, et même l'extinction des Néandertaliens a pris une dimension nouvelle avec les progrès de la paléogénétique. Bien sûr, ils vivent encore en nous, et on peut donc d'une certaine manière soutenir qu'ils n'ont pas disparu, mais ils nous ont aussi appris une vérité encore plus importante. Nous savons à présent que les derniers Néandertals faisaient partie des humains modernes, et que le dernier Homme de Néandertal était peut-être aussi le dernier survivant de la vague d'êtres humains modernes qui avait quitté l'Afrique. Leur extinction est donc authentiquement humaine. C'est la nôtre.

La plupart des avancées médicales décrites dans ce livre vont, au fil des années, devenir des éléments d'une image plus large. Certaines seront oubliées. D'autres s'avéreront avoir été biaisées et devoir être abandonnées. C'est ainsi que progresse la science. C'est la nature même des manques et des défauts – comme du processus pathologique – que de montrer et révéler.

Dans la nature, la lumière passe toujours par des trous, des percées à travers les nuages ou dans la canopée tropicale. Mais dans les travaux de biologie présentés dans ce livre, la lumière inverse ce paradigme. C'est elle qui ouvre des portes et crée son propre chemin, qui nous ouvre de nouvelles perspectives sur nous-mêmes, et sur la vaste famille humaine. Il arrive que le chemin semble malaisé à emprunter, un petit sentier boueux de campagne, mais c'est parce que nous ne nous sommes pas assez préparés à accueillir ces nouvelles perspectives. Mais l'important est qu'une porte est ouverte.

Des récents travaux ont permis de mieux comprendre cette porte elle-même. Revenant à mes toutes premières ambitions scientifiques – croiser les échelles d'analyse et explorer les mystères du cerveau pris dans son ensemble en recourant à des méthodes cellulaires, nous avons développé une méthode encore plus performante, qui travaille au niveau de la molécule ou de l'atome, pour étudier le fonctionnement de la channelrhodopsine, cette protéine activée par la lumière. Nous avons compris comment la molécule détecte la lumière et la transforme en un courant électrique qui passe par un pore constitué par la molécule. Ces expériences ont eu recours à des rayons X, soit exactement la même méthode que celle qui a permis la découverte de la structure en double hélice de l'ADN.

Ces travaux ont suscité une polémique. Des spécialistes du domaine ont soutenu que la molécule de channelrhodopsine n'avait pas de pore ouvert par la lumière. Mais la cristallographie aux rayons X nous a permis d'observer directement ce pore, mais aussi de le manipuler pour montrer que nous en comprenions le fonctionnement. En changeant quelques atomes pour reprofiler l'intérieur du pore, nous avons créé des channelrhodopsines conduisant non plus des ions positifs mais des ions négatifs, d'autres répondant à la lumière rouge et non plus bleue, et d'autres encore où le déroulé temporel du courant est accéléré ou ralenti. Ces nouvelles channelrhodopsines ont trouvé de nombreuses applications dans de nombreux domaines des neurosciences. Percer le mystère du code structural de ce canal activé par la lumière – qui posait un problème fondamental issu de la biologie d'une plante très étonnante – nous a ainsi ouvert de nouvelles voies scientifiques pour l'exploration du monde naturel, et de nous-même.

Aujourd'hui, même si je passe beaucoup de temps dans mon laboratoire de Stanford, je garde une consultation consacrée à la dépression et à l'autisme, tout en travaillant à la formation d'une nouvelle génération de psychiatres, partageant avec eux dans l'enseignement ce que j'ai appris d'un domaine qui me semble toujours aussi fascinant et mystérieux que lorsque je rencontrais mes premiers patients souffrant de troubles schizo-affectifs. Nous sommes parvenus à de vrais traitements pour certains, pour d'autres, nous ne parvenons qu'à gérer les symptômes, ce qui est plutôt classique en médecine où nous faisons de notre mieux avec des maladies incurables, parce que le patient meurt si nous ne faisons rien.

Alors que notre compréhension de la psychiatrie et des circuits neuronaux responsables des comportements progresse, il serait sage de nous atteler à des discussions difficiles auxquelles nous ne sommes pas prêts. Il nous faut être au point sur les plans éthiques et philosophiques, plutôt que de rattraper en catastrophe les choses lorsqu'elles sont allées trop loin. Notre monde incertain exige de la psychiatric des réponses sur ce que nous sommes non seulement dans la maladie, mais aussi dans la santé, pour mieux comprendre et affronter les étonnantes contradictions de l'humanité.

Et pour conclure cet épilogue ; je propose de nous projeter dans l'avenir de trois questions que nous n'avons fait qu'effleurer dans ce livre et qu'il faudra étudier plus profondément : le fonctionnement de notre science, notre lutte contre la violence, et la compréhension de notre propre conscience.

*

Les avancées scientifiques sont difficiles à prédire ou contrôler, ce qui constitue un curieux contraste avec le processus de production de savoir scientifique, reposant sur une pensée contrôlée et organisée. L'idée même de pensée organisée semble assez naturelle à l'esprit humain, qui considère comme acquis sa maîtrise des flux complexes de pensée qui le traversent. Pourtant, ce goût de la maîtrise ne peut appréhender l'ensemble du processus scientifique. Une leçon majeure de la plupart des grandes avancées scientifiques, et l'optogénétique ne fait pas exception, est qu'il faut soutenir bien plus que nous ne le faisons la recherche fondamentale. Personne n'aurait pu prédire l'impact sur les neurosciences de travaux menés depuis 150 ans sur la réponse à la lumière de micro-organismes. Ce livre étant en partie les mémoires d'un acteur de l'optogénétique, il faut souligner que des développements tout aussi imprévus peuvent jaillir aujourd'hui en biologie de travaux pionniers mais très éloignés.

L'optogénétique nous a ainsi appris énormément sur le cerveau, mais aussi, et de la manière la plus accessible, sur la méthode scientifique elle-même. La leçon est importante à retenir : la vérité scientifique – une force qui peut nous protéger des faiblesses de notre constitution – naît de la libre expression et du goût du savoir pur. Et sans doute aussi d'un rien de pensée désorganisée.

Je me souviens d'un patient atteint de cirrhose alcoolique, qui ne pouvait espérer aucune greffe de foie, et voyait arriver sa fin. Il était en train de se soigner dans des liquides qu'il produisait lui-même. Il était gonflé d'ascite, ce fluide brunâtre typique des défaillances hépatiques, dix litres au moins lui distendaient l'abdomen, comprimaient ses poumons et son diaphragme. À seulement quarante-huit ans, il luttait pour respirer, haletant devant moi.

Je choisis le plus rudimentaire des outils : le trocart. Moyenâgeux, mais c'est tout ce que j'avais. Même sous la lumière crue des lampes de l'hôpital moderne, le trocart est toujours un cylindre d'étain, certes stérilisé, qui va servir à drainer la cavité abdominale. Je pus le libérer de cinq ou six litres de ce fluide, mais cela ne lui permit de respirer normalement que deux ou trois jours, avant que l'accumulation d'ascites ne reprenne. Je ne pouvais pas soigner sa maladie, je pouvais faire quelque chose de clairement utile, en attendant d'en savoir plus.

Aujourd'hui, la vérité est notre trocart. Cette vérité à laquelle nous pouvons accéder par de libres conversations, une parole ouverte, et la liberté de création.

La science, comme la chanson ou le roman, est en ce sens au service d'une communication humaine libre. De premier abord, elle semble limitée à la petite fraction d'êtres humains qui peuvent apprécier cette conversation, qui demande un haut niveau de compétence. Mais comme l'a observé en 2018 l'artiste performer Joan Jonas, la science « est une conversation avec le passé et l'avenir, et aussi avec le public ». Les scientifiques ne sont pas enfermés dans leurs laboratoires, ni coupés de la vie. Ils recherchent la vérité, mais une vérité qui puisse être communiquée et avoir une importance. Le sens de notre travail réside dans les échanges avec d'autres, dans une perpétuelle recherche de dialogue.

Même une avancée scientifique majeure nécessite une réflexion sur la manière de la communiquer, et donc de réfléchir aux personnes qui vont l'apprendre autant qu'à ceux qui vont la décrire, dans ce contexte toujours mouvant et imprévisible de l'histoire humaine. Dans un monde idéal, notre but serait que tous les patients s'engagent dans des thérapies par le langage, librement, entièrement, et sans la moindre menace de sanction. Lorsque ce n'est pas le cas, on sait bien que des défenses immatures sont remises en place : on érige des murs qui interdisent la compréhension mutuelle et nous isolent de nos propres sentiments, des murs qui n'existent que parce que l'on n'a pas choisi la discussion franche et honnête au sein de la famille humaine. Il nous faut savoir ce que pourrions être pour découvrir ce que nous sommes.

*

Pas si loin de notre surface, une partie de nous-même est porteuse de violence envers autrui. Il y a beaucoup, beaucoup trop, de chemins qui conduisent à la violence, la société y jouant sans doute un rôle, mais ce pourrait être le sujet d'un autre livre. Mais lorsque la violence jaillit d'elle-même entre deux êtres humains, sans raison apparente, comme mue par elle-même, la psychiatrie (et donc les neurosciences) ont leur mot à dire, parmi d'autres traditions de pensée. La psychiatrie pense ces questions avec l'idée de trouble de la personnalité antisociale, largement répandue dans le grand public sous le terme de sociopathie. Nous ne savons pas pourquoi ce trouble existe, ni ce que l'on peut faire contre, mais il semble chaque jour un peu plus urgent de comprendre comment il apparaît.

Quelle proportion de l'humanité est capable d'infliger de la douleur, ou la mort, à autrui sans penser à ce qu'il ressent ? Les estimations varient énormément, de 1 à 7 %, du fait que les situations sont difficiles à comparer entre elles.

En psychiatrie, la définition d'un trouble de la personnalité antisociale comporte « une longue habitude d'être indifférent aux, ou de violer délibérément, les droits des autres », ce qui fait que le critère peut s'appliquer tant à une personne qui, enfant, fut cruelle à l'égard des animaux, qu'à un adulte indifférent à l'intégrité physique ou psychologique d'un autre. Ces deux types d'histoire peuvent être cachées, mais un psychiatre un peu expérimenté sait les faire émerger.

Que faire de ces 1 à 7 %, tant de ces chiffres élevés que de l'ampleur de cette fourchette ? L'homme est-il né bon, ou pécheur ? Quelle que soit la réponse, il est clair qu'il faut des sociétés ou personne ne soit, à aucun niveau, assigné à un état. Mais même ces quelques pourcents, lourd fardeau que porte notre espèce, en disent long de l'histoire de notre espèce et de son présent, surtout en cette époque où les conséquences de nos actions sont de plus en plus nettement globales et évidentes.

Les astrophysiciens se posent une question voisine à propos du cosmos : si, comme nous le savons, le bouleversement total d'une espèce par une transformation technologique ne prend que quelques siècles, comment se fait-il que l'univers, avec ses planètes innombrables et ses milliards d'années, semble si stable ? Une explication tentante est que la technologie entraîne très vite l'extinction. Quelles que soient les institutions l'encadrant, la pulsion de survie, à la fin, se transforme en force menant à l'extinction. L'évolution a créé une intelligence qui s'est avérée inadaptée au monde qu'elle avait créé.

Une compréhension plus approfondie de la biologie peut-elle nous sauver ? On ne sait pas grand-chose de la biologie des personnalités antisociales. Les études de jumeaux montrent qu'il existe une composante héritable (allant jusqu'à 50 %), et l'imagerie indique une réduction du volume des cellules dans le cortex préfrontal, important dans le contrôle des comportements sociaux. Des gènes ont été associés à la sociopathie et aux comportement agressifs, dont certains impliqués dans la production de neurotransmetteurs, en particulier la sérotonine. On a aussi observé dans ces cas des altérations des motifs d'activité cérébrale, incluant une moindre coordination entre le cortex préfrontal et des structures du circuit de la récompense, comme le noyau accumbens. Mais nous ne comprenons pas quelles voies cérébrales mènent au passage à l'acte. Les résultats restent contradictoires. On se demande par exemple quel est le symptôme le plus important : la violence impulsive, ou le comportement manipulateur et calculatoire qui en est l'opposé mais aboutit au même résultat. Chaque manière de voir les choses a des implications différentes pour le diagnostic et le traitement.

Les neurosciences modernes ont cependant permis de décrire les circuits de la violence contre un membre de la même espèce, dans une série d'études aussi révélatrices que dérangeantes. Une équipe de chercheurs avait ainsi essayé d'induire chez des rongeurs le comportement agressif en stimulant électriquement la région ventrolatérale de l'hypothalamus vendromédian, ou HVMvl. Toujours en vain, sans doute parce que l'HVMvl est une petite structure, entourée par d'autres impliquées dans des comportements opposés, comme l'immobilisation ou la fuite, qui peuvent être activées en même temps que l'HVMvl, rendant ainsi les résultats de l'expérience difficilement interprétables. Mais le ciblage plus précis de la stimulation, grâce à l'optogénétique, sur les cellules de l'HVMvl déclencha un violent comportement d'agression contre une souris de la même cage, de même lignée, et qui ne menaçait en rien l'agresseuse avant l'induction de son comportement d'un coup de lumière laser.

Que des individus puissent ainsi devenir si vite violents pose d'importantes questions de philosophie morale. Lorsque j'enseigne l'optogénétique, je trouve toujours frappant d'observer les étudiants réagir aux vidéos – vérifiées par les experts des meilleurs journaux à comité de lecture – montrant la manière dont l'optogénétique permet de contrôler le comportement violent de la souris. Il leur faut un certain temps, une discussion, presque une thérapie pour incorporer à leur vision du monde ce qu'ils viennent de découvrir.

Une agression violente peut être déclenchée par l'activation de quelques cellules. Qu'est-ce que cela signifie pour l'homme ? En tant qu'enseignant, je peux souligner que ce n'est pas si nouveau. Ces dernières décennies, l'agressivité a été modulée, avec plus ou moins d'efficacité, par des interventions génétiques, pharmacologiques, chirurgicales ou électriques. Mais ces rappels historiques leur importent peu, et ils savent que toutes ces expériences étaient critiquables pour leur absence de spécificité ou leurs effets secondaires. À l'inverse, plus l'optogénétique permet d'intervenir précisément, plus elle pose des questions complexes qui doivent être soigneusement examinées.

En quoi consistent ces questions ? L'optogénétique ne pourrait être une arme. Elle induit chez l'animal des changements de comportement tellement rapides et intenses qu'ils n'évoquent plus rien du lent recours à la violence de nos civilisations lorsqu'elles vont à la guerre. Que faire d'un tel circuit neuronal qui semble ne servir qu'à détruire toute structure sociale et tout scrupule moral ? Existe-t-il une possibilité de le réprimer ? Et que sommes-nous, pauvres humains, si une telle violence meurtrière peut être induite par quelques influx électriques dans une poignée de cellules.

À l'inverse, la violence peut aussi être supprimée par quelques influx électriques dans une poignée de cellules, ce qui trace au moins une voie de recherche : utiliser l'optogénétique pour décrire cellules et circuits qui suppriment l'agression. Même si elle ne pourra pas tout de suite conduire à de telles applications thérapeutiques, cette approche fondée sur les neurosciences peut nous aider à avancer. Nous pouvons commencer à penser ensemble l'influence des gènes et de la culture, comme une structure causale commune. Nous comprenons assez ce qui déclenche un comportement pour voir comment l'agression nécessite des projections bien définies, par leur forme tant que par leur force, et mises en place tant par le développement du cerveau que par l'expérience acquise.

Puisque nous ne contrôlons vraiment ni le développement de notre cerveau ni les expériences de notre vie, la nature exacte de notre responsabilité individuelle de nos actions reste une question discutée. Un certain point de vue inspiré des travaux décrits dans ce livre pourrait être qu'il n'existe aucune responsabilité personnelle pour des actions qui prennent leur origine dans le cerveau, car les circuits du soi n'ont jamais été consultés, contrairement à ce qui se passe lorsqu'il s'agit de prendre un chemin à travers le monde, ce qui implique les goûts et les souvenirs, et passe par les circuits des cortex préfrontal et rétrosplénial. Ce que je viens d'écrire, impliquant des notions causales et matérielles, et se passant à l'inverse de mots comme *conscience* ou *libre arbitre*, montre que les neurosciences modernes peuvent aujourd'hui s'attaquer à ces questions redoutables qui étaient jusque-là l'apanage des traités philosophiques.

Il est improbable qu'une seule région du cerveau explique toutes les actions librement choisies. Bien au contraire, nous mobilisons des circuits de plus en plus complexes de prise de décision à mesure que nous prenons de la hauteur sur les choix à faire. Une étude de 2020, enregistrant à une large échelle l'activité des cerveaux de l'homme et de la souris, a permis de mieux comprendre la construction du soi au niveau des circuits cellulaires en mettant en évidence le processus fascinant de dissociation par lequel le soi se coupe de son expérience sensorielle, et les individus se détachent de leurs corps. Le soi est bien conscient de ce qui se passe, mais coupé des sensations, comme si son corps ne lui appartenait plus. Avec d'autres méthodes, l'optogénétique a permis de démontrer que certains motifs d'activité du cortex rétrosplénial (ce qui est en accord avec ce que nous avons décrit dans le chapitre sur les troubles alimentaires) et de régions qui lui sont liées jouent un rôle important dans le maintien de l'unité du soi et de ses expériences. Ce constat incite à penser que toute action a des origines variées, et qu'il en est donc de même du soi, ce qui n'implique pas de renoncer à son étude biologique, aussi mystérieux soit-il.

Affronter cette complexité pourrait aussi nous permettre de comprendre, et d'éprouver de l'empathie pour les antisociaux, qui ont sans doute tout autant de personnalité et de libre arbitre que celui qui se fait souffrir délibérément, comme s'il avait perdu le sens de la distinction de soi et d'autrui. En tant que médecin, je suis tout particulièrement attentif à ce dernier trait de caractère de mes patients et frères humains, quoi que je pense d'eux.

*

Au vu du progrès rapide des connaissances et des techniques scientifiques, il est clair que nous allons progresser dans la compréhension de ce qui nous rend malade, mais aussi, dans ces deux profonds mystères que sont : Pourquoi sommes-nous là ? Et pourquoi sommes-nous conscients ?

En 2019, des expériences d'optogénétique ont permis d'affiner considérablement la résolution de nos expériences de contrôle du comportement des mammifères, en permettant non seulement de montrer qu'ils dépendent d'une poignée de cellules parmi des milliers d'apparence toutes similaires, mais aussi de cellules isolées que l'on pouvait manipuler.

Ces expériences ont été permises par de nouveaux microscopes, dont certains utilisent des cristaux liquides holographiques. Ces machines produisent une interface entre la lumière et le cerveau qui sculpte une distribution de la lumière tridimensionnelle qui permet de contrôler l'activité de neurones producteurs d'opsines chez des souris au cours d'un comportement.

Nous avons ainsi pu faire croire à une souris plongée dans la plus profonde obscurité qu'elle voyait quelque chose que nous avions créée de toute pièce. Les cellules qui répondent normalement aux seules bandes verticales qu'on leur présente, peuvent être transformées par l'optogénétique holographique en cellules répondant aux bandes horizontales. La souris autant que son cerveau réagissent comme si les bandes verticales étaient vraiment là.

Notre situation est vraiment étonnante. Nous pouvions choisir un groupe de cellules – moins d'une vingtaine – dont nous savons qu'elles sont importantes dans une expérience, interrompre leur activité par différents moyens : et nous observions un animal se comportant exactement de la même manière, qu'il ait ou non subi une manipulation optogénétique. La sensation semblait la même, même si je sais très bien que nous ne pourrions jamais exactement ressentir de ce que ressent autrui. Et il avait suffi pour cela de stimuler quelques neurones.

Nous étions étonnés de constater à quel point l'activation de très peu de cellules suffit à induire la sensation ! Moins d'une vingtaine si l'animal est bien entraîné. Si peu de cellules ayant un tel rôle, une autre question doit être posée : comment se fait-il que le cerveau ne soit pas trompé par des synchronisations survenant par hasard entre cellules ayant la même réponse naturelle, ce qui pourrait l'amener à croire que l'objet que détectent ces cellules est bien présent ? C'est peut-être ce qui se produit chez les patients atteint du syndrome de Charles Bonnet, dans lequel une cécité accompagnée d'hallucinations visuelles apparaît à l'âge adulte. Le système visuel se comporte alors comme s'il trouvait le monde extérieur trop calme et tentait en réaction de construire quelque chose, n'importe quelle activité. Je me suis occupé d'un patient ayant ce syndrome, un aimable ancien combattant, âgé, entièrement aveugle, mais qui avait des visions très nettes, souvent de moutons et de chèvres broutant à quelque distance. Ces visions pouvaient disparaissaient avec un traitement à l'acide valproïque, un médicament antiépileptique, mais à la fin ce patient a quitté l'hôpital sans traitement, car il s'était attaché au spectacle que lui proposait son cortex visuel privé d'informations entrantes.

Plus généralement, il est possible que ces activités spontanées non désirées, dues à tout corrélation infondée entre cellules, soient impliquées dans plusieurs troubles psychiatriques, depuis les hallucinations auditives de la schizophrénie jusqu'aux tics et aux manifestations du syndrome de la Tourette en passant par les obsessions de l'angoisse ou des troubles alimentaires. Le cerveau de mammifère est posé dans un équilibre dangereusement près du niveau où le bruit peut être pris pour un signal : une découverte importante pour comprendre tant la variabilité comportementale naturelle des mammifères que la psychiatrie clinique.

Au-delà de la science et de la médecine, l'énigme philosophique de la conscience subjective peut aujourd'hui bien mieux étudiée grâce aux enregistrements multiples de cellules isolées. Cela a conduit à un renouveau des anciennes expériences de pensée philosophiques (les *Gedankenexperimente*, auraient dit les physiciens Ernst Mach et Albert Einstein, selon une tradition qui remonte à Galilée). La version modernisée de cette histoire ancienne se raconterait de la manière suivante :

Supposons que l'on puisse contrôler (comme avec l'optogénétique au niveau cellulaire) pendant un certain temps le motif exact d'activité de toutes les cellules d'un animal capable de sensation subjective, disons par exemple un intense sentiment de récompense très agréable. Supposons aussi que ce contrôle puisse être guidé par ce qui aura été appris de l'observation et de l'enregistrement du même animal exposé à un réel stimulus perçu comme une récompense, comme nous savons le faire avec certaines perceptions visuelles. La question, d'apparence triviale, est la suivante : l'animal ressentira-t-il la même sensation subjective ? Nous savons déjà que la souris et son cortex visuel se comportent comme s'ils avaient reçu et traités le vrai stimulus, mais l'animal ressentira-t-il la même sensation, découplé de l'information qui la produit ?

Il faut souligner que ce n'est là qu'une expérience de pensée, puisqu'on ne peut bien sûr pas connaître pleinement le ressenti subjectif d'un autre individu, et que les dispositifs de contrôle de l'activité neuronale envisagés n'existent pas. Mais comme les *Gedankenexperimente* d'Einstein qui ont tellement fait progresser la théorie de la relativité, ces expériences de pensée nous amènent vite à une crise conceptuelle, dont la résolution pourrait nous apprendre beaucoup.

Le problème est qu'il semble, par essence, impossible de répondre oui ou non à cette question. Le non implique qu'une sensation subjective est plus qu'un motif d'activité cérébrale. Mais comme dans cette expérience, on suppose un contrôle total de ce qui se passe dans le cerveau, y compris les neuromodulateurs et autres phénomènes biochimiques, il ne nous reste aucune raison de penser que la réponse puisse être non. Comment pourrait-il exister quelque chose en plus dans l'activité de cellules que ce que font les cellules ? Le oui pose des questions tout aussi irrésolues. Si toutes les cellules sont contrôlées et qu'une sensation subjective est ressentie, alors il n'y a pas de raisons que ces cellules soient dans la tête de l'animal. Elles pourraient être réparties partout dans le monde, être contrôlées à volonté et la sensation serait ressentie quelque part, d'une certaine manière, par un animal qui n'existerait plus dans sa forme physique unique. Dans un cerveau, les neurones connectés sont proches les uns des autres, ce qui leur permet de s'influence mutuellement. Mais dans cette expérience de pensée, les neurones n'ont plus besoin de s'influencer : le stimulus artificiel fournit déjà exactement le même effet que celui qu'aurait généré les neurones.

Cette réponse semble fausse, intuitivement, car elle ne résiste pas à un raisonnement par l'absurde. Comment et pourquoi des neurones répartis dans le monde entier pourraient-ils faire apparaître les sentiments internes d'une souris ou d'un humain ? La question n'a d'intérêt que parce que nous nous intéressons à un sentiment interne. Si nous nous demandions ce que donnerait un ballon de basket découpé en cent milliards de petits éléments semblables à des cellule dispersés dans le monde entier et contrôlés de telle manière que leur mouvement soit le même que lors d'un rebond du ballon, il n'y aura pas matière à discuter philosophiquement si ce nouveau système se sent rebondir ou non. La réponse serait : ni plus, ni moins que le ballon.

Nous voici donc face à un problème philosophique que l'optogénétique nous a aidé à délimiter clairement. Il est certain que de nombreux mystères du cerveau, comme la nature de nos états subjectifs, ne se laissent pas appréhender par le cadre de pensée scientifique actuel. On peut cependant parfois espérer correctement poser ces questions profondes et irrésolues.

Ces états subjectifs, qu'on les appelle qualia ou sentiments, ne sont pas que des concepts abstraits. Ils sont les mêmes états intérieurs dont j'ai parlé dans tout ce livre, qui m'ont conduit vers la psychiatrie il y a des années de cela, et qui sont inséparables de leur propre projection temporelle, à l'échelle de secondes comme de générations. Ces expériences subjectives soudent notre identité commune et définissent le chemin que nous, l'humanité, avons parcouru et que nous pouvons seulement partager par un roman, un livre, ou autour d'un feu.

Notes

Quelques références aux études scientifiques dont il est question dans ce livre sont ici mentionnées. Tous ces articles sont en accès libre.

Prologue

P. 6 : permet le stockage de l'information, sans intervention externe : https://en.wikipedia.org/wiki/Hopfield_network ; https://en.wikipedia.org/wiki/Backpropagation.

P. 10 : En optogénétique, on emprunte des gènes de micro-organismes : https://www.ncbi.nlm.nih.gov/pmc/articles/PMC4790845/.

P. 11 : Diverses astuces chimiques pour construire des hydrogels : https://www.ncbi.nlm.nih.gov/pmc/articles/PMC5846712/.

P. 12 : Toutes les structures qui nous intéressent restent en place : https://www.ncbi.nlm.nih.gov/pmc/articles/PMC6359929/.

P. 12 : Diverses initiatives américaines et internationales visant à mieux connaître les circuits cérébraux : https://braininitiative.nih.gov/sites/default/files/pdfs/brain2025_508c.pdf ; https://braininitiative.nih.gov/strategic-planning/acd-working-group/brain-research-through-advancing-innovative-neurotechnologies.

P. 12 : Grands progrès dans la compréhension de la manière dont des cellules créent les fonctions du cerveau : https://www.ncbi.nlm.nih.gov/pmc/articles/PMC4069282/ ; https://www.ncbi.nlm.nih.gov/pmc/articles/PMC4790845/.

P. 12 : Suivre précisément ces connexions, leur origine et leur trajectoire : https://www.ncbi.nlm.nih.gov/pmc/articles/ PMC4780260/ ; https://www.ncbi.nlm.nih.gov/pmc/articles/PMC5729206/.

Chapitre 1 : Le magasin des larmes

P. 25 : En s'introduisant dans leurs lointains ancêtres cellulaires il y a deux milliards d'années : https://www.ncbi.nlm.nih.gov/pmc/articles/PMC5426843/.

P. 26 : L'ADN des micro-organismes s'est à nouveau inséré dans les cellules animales : https://www.ncbi.nlm.nih.gov/pmc/articles/PMC5723383/.

P. 29 : Nous pouvons même mesurer précisément la part de notre génome hérité de Néandertal : autour de 2% :
https://www.ncbi.nlm.nih.gov/pmc/articles/PMC5100745/.

P. 30 : sans doute isolé dans une grotte reculée d'une côte espagnole :
https://en.wikipedia.org/wiki/Gorham%27s_Cave ;
https://www.ncbi.nlm.nih.gov/pmc/articles/PMC6485383/ ;
https://www.ncbi.nlm.nih.gov/pmc/articles/PMC5935692/.

P. 31 : L'amygdale, et plus précisément en son sein le noyau du lit de la strie terminale : https://www.ncbi.nlm.nih.gov/pmc/articles/PMC6690364/.

P. 32 : Une fibre optique peut être placée non dans le NLST mais dans une région périphérique :
https://www.ncbi.nlm.nih.gov/pmc/articles/PMC4069282/ ;
https://www.ncbi.nlm.nih.gov/pmc/articles/PMC3154022/ ;
https://www.ncbi.nlm.nih.gov/pmc/articles/PMC3775282/.

P. 33 : Dans le test dit de *préférence de lieu :*
https://www.ncbi.nlm.nih.gov/pmc/articles/PMC5262197/ ; https://www.ncbi.nlm.nih.gov/pmc/articles/PMC4743797/.

P. 34 : Un état intérieur complexe peut être déconstruit :
https://www.ncbi.nlm.nih.gov/pmc/articles/PMC6690364/.

P. 34 : Le phénomène complexe des soins parentaux aux nouveau-nés a pu être déconstruit en plusieurs composants indépendants :
https://www.ncbi.nlm.nih.gov/pmc/articles/PMC5908752/.

P. 36 : Les larmes sont un puissant moyen d'induire des liens émotionnels :
https://www.ncbi.nlm.nih.gov/pmc/articles/PMC4882350/ ;
https://www.ncbi.nlm.nih.gov/pmc/articles/PMC5363367/.

P. 37 : Être incapable de ce type de communication a sans doute un coût :
https://www.ncbi.nlm.nih.gov/pmc/articles/PMC4934120/ ;
https://www.ncbi.nlm.nih.gov/pmc/articles/PMC6402489/.

P. 38 : Toutes ces structures se bousculent au milieu de cellules dans une petite région du pont :
https://en.wikipedia.org/wiki/Cranial_nerves.

P. 42 : Une étude de 2019 sur le poisson-zèbre :
https://www.ncbi.nlm.nih.gov/pmc/articles/PMC6726130/.

P. 42 : On connaissait déjà, grâce à l'optogénétique et d'autres méthodes, le rôle de ces deux structures :
https://www.ncbi.nlm.nih.gov/pmc/articles/PMC5929119/.

P. 43 : Le minuscule ver nématode *Caenorhabditis elegans* :
https://www.ncbi.nlm.nih.gov/pmc/articles/PMC3942133/.

P. 45 : En moyenne, toutes les espèces de mammifères semblent vivre environ un million d'années :
https://en.wikipedia.org/wiki/Background_extinction_rate.

P. 45 : La population humaine en âge de se reproduire ne comptait plus de par le monde que quelques milliers d'individus :
https://www.ncbi.nlm.nih.gov/pmc/articles/PMC5161557/ ;
https://www.ncbi.nlm.nih.gov/pmc/articles/PMC4381518/.
Deis_9781984853691_all_3p_r1.indd 22412/8/20 10:11 AM

Chapitre 2 : Première attaque

P. 48 : Un 767 s'approchant des tours jumelles en flamme :
https://en.wikipedia.org/wiki/United_Airlines_Flight_175.

P. 55 : Ces états d'excitation sont capables de fournir l'énergie nécessaire :
https://www.ncbi.nlm.nih.gov/pmc/articles/PMC3137243/ ;
https://www.ncbi.nlm.nih.gov/pmc/articles/PMC2847485/.

P. 57 : Ils ne sont pas déclenchés par une menace :
https://www.ncbi.nlm.nih.gov/pmc/articles/PMC2796427/.

P. 57 : Les bouffées délirantes d'Afrique de l'ouest et d'Haïti :
https://www.ncbi.nlm.nih.gov/pmc/articles/PMC4421900/.

P. 59 : Les gènes du jaune d'œuf ont disparu :
https://www.ncbi.nlm.nih.gov/pmc/articles/PMC2267819/ ;
https://www.ncbi.nlm.nih.gov/pmc/articles/PMC5474779/.

P. 59 : Les poissons et les salamandres cavernicoles :
https://www.ncbi.nlm.nih.gov/pmc/articles/PMC5182419/.

P. 60 : Les neurones dopaminergiques, connus pour leur rôle dans la motivation et la récompense :
https://www.ncbi.nlm.nih.gov/pmc/articles/PMC4160519/ ;
https://www.ncbi.nlm.nih.gov/pmc/articles/PMC4188722/.

P. 61 : En 2015, l'optogénétique a permis de relier ces deux circuits :
https://www.ncbi.nlm.nih.gov/pmc/articles/PMC4492925/.

P. 61 : Les neurones dopaminergiques ne forment pas un bloc homogène :
https://www.ncbi.nlm.nih.gov/pmc/articles/PMC6362095/.

P. 62 : La production d'une protéine appelée ankyrine 3 (également connue sous le nom de ankyrine G) :
https://www.ncbi.nlm.nih.gov/pmc/articles/PMC3856665/ ;
https://www.ncbi.nlm.nih.gov/pmc/articles/PMC2703780/.

P. 62 : En 2017, des chercheurs ont créé une lignée de souris knock-out pour le gène d'ankyrin 3 :
https://www.ncbi.nlm.nih.gov/pmc/articles/PMC5625892/.

Chapitre 3 : Capacité de charge (mentale)

P. 67 : Deux à trois centaines de millisecondes s'écoulent avant qu'une réponse puisse être enregistrée :
https://www.ncbi.nlm.nih.gov/pmc/articles/PMC166261/ ;
https://www.ncbi.nlm.nih.gov/pmc/articles/PMC4467230/.

P. 74 : En dépit de leur anxiété et de leurs problèmes cognitifs, les patients qui en souffrent peuvent être extrêmement bien adaptés à la vie sociale : https://www.ncbi.nlm.nih.gov/pmc/articles/PMC4896837/ ;
https://www.ncbi.nlm.nih.gov/pmc/articles/PMC3378107/.

P. 79 : Leur taille très resserrée, aussi fine qu'un cheveu : https://www.ncbi.nlm.nih.gov/pmc/articles/PMC3016887/.

P. 80 : La famille des guêpes – mais aussi des fourmis, des frelons, des abeilles, et autres insectes sociaux – ont par la suite abandonné cette reproduction parasite :
https://www.sciencedirect.com/science/article/pii/S0960982217300593?via%3Dihub ;
https://www.sciencedirect.com/science/article/pii/S0960982213010567?via%3Dihub.

P. 81 : Des chercheurs avaient utilisé l'optogénétique pour étudier l'attachement parental chez la souris :
https://www.ncbi.nlm.nih.gov/pmc/articles/PMC5908752/.

P. 83 : De nombreux gènes liés à l'autisme sont impliqués dans ces processus d'excitabilité électrique ou chimique : https://www.ncbi.nlm.nih.gov/pmc/articles/PMC4402723/ ;
https://www.ncbi.nlm.nih.gov/pmc/articles/PMC4624267/ ;
https://www.biorxiv.org/content/10.1101/484113v3.

P. 84 : Les patients autistes montrent des signes d'hyperexcitabilité cérébrale :
https://www.ncbi.nlm.nih.gov/pmc/articles/PMC4105225/.

P. 84 : Postuler une excitation neuronale accrue, ou une inhibition diminuée :
https://www.ncbi.nlm.nih.gov/pmc/articles/PMC6748642/ ;
https://www.ncbi.nlm.nih.gov/pmc/articles/PMC6742424/.

P. 85 : L'élévation, par des méthodes optogénétiques, de l'activité des cellules excitatrices du cortex préfrontal entraînait des carences considérables de l'activité sociale :
https://www.ncbi.nlm.nih.gov/pmc/articles/PMC4155501/.

P. 85 : Ces souris, dont un unique gène nommé *Cntap2* a été muté :
https://www.ncbi.nlm.nih.gov/pmc/articles/PMC3390029/.

P. 85 : Ces troubles peuvent être corrigés par une intervention optogénétique opposée : https://www.ncbi.nlm.nih.gov/pmc/articles/PMC5723386/.

P. 88 : L'accroissement de l'excitabilité des cellules excitatrices du cortex préfrontal (qui cause des troubles du comportement social) diminuait aussi la capacité de transfert d'information des cellules : https://www.ncbi.nlm.nih.gov/pmc/articles/PMC4155501/.

P. 89 : C'est une essence qui pousse sur les terrains salés : https://www.ncbi.nlm.nih.gov/pmc/articles/PMC5570027/ ; https://www.ncbi.nlm.nih.gov/pmc/articles/PMC4836421/.

P. 92 : Syndrome de Stress Post Traumatique (SSPT), un trouble grave et fréquent qui résiste aux médicaments : https://www.ncbi.nlm.nih.gov/pmc/articles/PMC 5126802/.

Chapitre 4 : Peau coupée

P. 105 : Chez l'embryon, elle est produite par l'ectoderme : https://en.wikipedia.org/wiki/Germ_layer.

P. 105 : à la suite d'un impact de météorite : https://www.youtube.com/watch?v=tRPu5u_Pizk.

P. 106 : Ce qui était à l'origine conçu pour être un organe sensoriel de la peau se répand sur l'ensemble du corps : https://www.ncbi.nlm.nih.gov/pmc/articles/PMC4245816/.

P. 107 : Le patient ou le psychiatre peuvent se retrouver à jouer un rôle qui a déjà été joué dans la vie de l'un ou l'autre : https://www.ncbi.nlm.nih.gov/pmc/articles/PMC6481907/.

P. 108 : Le suicide est plus fréquent chez ces patients que dans n'importe quel autre trouble psychiatrique : https://www.ncbi.nlm.nih.gov/pmc/articles/PMC4102288/.

P. 108 : Beaucoup de ces patients portent un fardeau qu'ils n'ont pas mérité : https://www.ncbi.nlm.nih.gov/pmc/articles/PMC3402130/.

P. 109 : Un traumatisme durant la période de dépendance (c'est-à-dire lorsque des soins et de la chaleur sont indispensables) est un facteur prédictif d'automutilations non suicidaires : https://www.ncbi.nlm.nih.gov/pmc/articles/PMC5201161/.

P. 109 : L'isolation des grandes voies de communications électriques par la myéline : https://www.sciencedirect.com/science/article/pii/S0092867414012987?via%3Dihub.

P. 110 : On peut aussi imaginer un monde où tous les comportement sont guidés par la douleur, ou la volonté de l'éviter : https://www.ncbi.nlm.nih.gov/pmc/articles/PMC5723384/.

P. 111 : Rendre un animal plus ou moins agressif, social, actif sexuellement, affamé, assoiffé, ou agité :
https://www.ncbi.nlm.nih.gov/pmc/articles/PMC5708544/ ;
https://www.ncbi.nlm.nih.gov/pmc/articles/PMC4790845/.

P. 111 : Passer d'un but à l'autre, d'un système de valeur à l'autre :
https://www.ncbi.nlm.nih.gov/pmc/articles/PMC5472065/.

P. 112 : L'animal se met à l'éviter comme si cela lui causait une intense souffrance :
https://www.ncbi.nlm.nih.gov/pmc/articles/PMC4743797/.

P. 112 : module l'action des neurones à dopamine du mésencéphale, exactement comme dans l'expérience optogénétique : https://www.ncbi.nlm.nih.gov/pmc/articles/PMC3493743/.

P. 113 : Le fait d'être laissé sans soin, et le stress que cela induit, dans les premiers moments de la vie augmente l'activité de l'habenula : https://www.ncbi.nlm.nih.gov/pmc/articles/PMC6726130/.

P. 118 : Un groupe spécial de thérapie comportementale :
https://www.ncbi.nlm.nih.gov/pmc/articles/PMC6584278/.

Chapitre 5 : La cage de Faraday

P. 121 : formant ainsi une cage de Faraday : https://en.wikipedia.org/wiki/Faraday_cage.

P. 132 : Le filtre de Kalman, un algorithme de modélisation des systèmes complexes :
https://en.wikipedia.org/wiki/Kalman_filter.

P. 134 : Même les meilleurs filtres perdent une partie du signal ou à l'inverse laissent passer du bruit :
https://en.wikipedia.org/wiki/Chebyshev_filter ; https://en.wikipedia.org/wiki/Butterworth_filter.

P. 138 : Matthews s'était peint lui-même comme victime d'un métier à tisser à air comprimé :
https://en.wikipedia.org/wiki/James_Tilly_Matthews.

P. 144 : Ces masses de séquences d'ADN rassemblées et étudiées par d'énormes équipes de scientifiques sur des dizaines de milliers de patients atteints de schizophrénie :
https://www.ncbi.nlm.nih.gov/pmc/articles/PMC4112379/;
https://www.ncbi.nlm.nih.gov/pmc/articles/PMC4912829/.

P. 147 : Les symptômes de la maladie sont plus fréquents et plus graves chez les habitants des villes : https://www.ncbi.nlm.nih.gov/pmc/articles/PMC3494055/.

Chapitre 6 : Se consumer

P. 161 : Des thérapies cognitives et comportementales en immersion peuvent être utiles face à l'anorexie :

https://www.ncbi.nlm.nih.gov/pmc/articles/PMC6181276/.
https://www.ncbi.nlm.nih.gov/pmc/articles/PMC4418625/.

P. 162 : Les troubles alimentaires ont le taux de mortalité le plus élevé de toutes les maladies psychiatriques :
https://www.ncbi.nlm.nih.gov/pmc/articles/PMC2907776/.

P. 165 : Différents chemins peuvent mener, selon les patients, à l'anorexie, en fonction de la constitution génétique de chacun et de l'environnement social :
https://www.ncbi.nlm.nih.gov/pmc/articles/PMC5581217/ ;
https://www.ncbi.nlm.nih.gov/pmc/articles/PMC6097237/.

P. 165 : Contrôler les rythmes de la marche du tronc cérébral et de la moelle épinière :
https://www.ncbi.nlm.nih.gov/pmc/articles/PMC5937258/ ;
https://www.ncbi.nlm.nih.gov/pmc/articles/PMC4844028/.

P. 174 : Un type de neurone de l'hypothalamus, ceux qui secrètent de l'hypocrétine, a été rendu sensible à la lumière émise par une fibre optique : https://www.ncbi.nlm.nih.gov/pmc/articles/PMC6744371/.

P. 175 : Les expériences d'optogénétique sur la faim et la soif :
https://www.ncbi.nlm.nih.gov/pmc/articles/PMC5723384/.

P. 176 : Elles peuvent supprimer le comportement alimentaire, même chez la souris affamée :
https://www.ncbi.nlm.nih.gov/pmc/articles/PMC6447429/.

P. 176 : Si on active optogénétiquement les neurones profonds de la soif chez une souris qui a accès à de l'eau à volonté, l'animal va se mettre à boire intensivement :
https://www.ncbi.nlm.nih.gov/pmc/articles/PMC6711472.

P. 177 : Cortex entorhinal et à l'hippocampe, tous deux impliqués dans la navigation spatiale et la mémoire des lieux : https://escholarship.org/uc/item/4w36z6rj.

P. 178 : Lorsque l'on demande à un sujet de rester assis et de ne penser à rien de particulier :
https://www.ncbi.nlm.nih.gov/pmc/articles/PMC1157105/.

Chapitre 7 : Moro

P. 183 : Les conséquences de ces infarctus se voient sous la forme de petits amas de tissus morts au scanner :
https://en.wikipedia.org/wiki/Vascular_dementia.

P. 183 : Des méthodes plus sensibles, comme l'imagerie par résonance magnétique (IRM), permettent de visualiser ces petits blocages des vaisseaux sanguins :
https://www.ncbi.nlm.nih.gov/pmc/articles/PMC3405254/.

P. 189 : Voici 350 millions d'années dans des marais peu profonds où les premiers poissons capables de respirer l'air se sont aventurés hors de l'eau : https://www.ncbi.nlm.nih.gov/pmc/articles/PMC3903263/.

P. 190 : L'espèce humaine est passée près de l'extinction il y a cinquante mille ans :
https://www.ncbi.nlm.nih.gov/pmc/articles/PMC5161557/ ;
https://www.ncbi.nlm.nih.gov/pmc/articles/PMC4381518/.

P. 191 : Les quelques médicaments ne font que ralentir légèrement la progression de la maladie :
https://www.ncbi.nlm.nih.gov/pmc/articles/PMC6309083/.

P. 192 : Une augmentation, parfois très marquée aux stades avancés de la démence, de l'anhédonie chez les patients les plus âgés :
https://www.ncbi.nlm.nih.gov/pmc/articles/PMC2575050 ;
https://www.ncbi.nlm.nih.gov/pmc/articles/PMC4326597/.

P. 193 : D'autant plus probable que le volume des destructions de la matière blanche étaient importantes :
https://www.ncbi.nlm.nih.gov/pmc/articles/PMC2575050/.

P. 193 : La valence associée à la libération de l'anxiété est en partie déclenchée par des projections du noyau du lit de la strie terminale :
https://www.ncbi.nlm.nih.gov/pmc/articles/PMC6690364/.

P. 194 : sauf la réactivation optogénétique de quelques-uns de ces neurones de la mémoire :
https://www.ncbi.nlm.nih.gov/pmc/articles/PMC3331914/ ;
https://www.ncbi.nlm.nih.gov/pmc/articles/PMC6737336/ ;
https://www.ncbi.nlm.nih.gov/pmc/articles/PMC4825678/.

P. 194 : Des modifications de la force synaptique pouvaient stocker de la mémoire de manière automatique :
https://en.wikipedia.org/wiki/Hopfield_network ;
https://en.wikipedia.org/wiki/Backpropagation.

P. 194 : Des modifications de force synaptique sont observés dans le monde réel :
https://www.ncbi.nlm.nih.gov/pmc/articles/PMC1693150/ ;
https://www.sciencedirect.com/science/article/pii/S0092867400804845?via%3Dihub ;
https://www.ncbi.nlm.nih.gov/pmc/articles/PMC1693149/.

P. 194 : Ces deux effets jouent sans doute un rôle dans le stockage mnésique :
https://www.ncbi.nlm.nih.gov/pmc/articles/PMC5318375/.

P. 195 : Une connexion donnée peut être rendue sensible à la lumière, et ensuite être à volonté stimulée à haute ou basse fréquence :
https://www.ncbi.nlm.nih.gov/pmc/articles/PMC3154022/ ;
https://www.ncbi.nlm.nih.gov/pmc/articles/PMC3775282/ ;
https://www.ncbi.nlm.nih.gov/pmc/articles/PMC6744370/.

P. 195 : Des modifications de la force synaptique dans une projection donnée peuvent induire des modifications puissantes et sélectives du comportement : https://archive-ouverte.unige.ch/unige:38251 ;

https://archive-ouverte.unige.ch/unige:26937 ; https://www.ncbi.nlm.nih.gov/pmc/articles/PMC4210354/.

P. 195 : Les projections sont l'incarnation concrète du degré possible d'interaction entre deux parties du cerveau, que ce soit dans la santé ou la maladie : https://www.ncbi.nlm.nih.gov/pmc/articles/PMC4069282/.

P. 195 : La force des connexions interrégionales prédit le degré de corrélation entre les activités des régions : https://www.biorxiv.org/content/10.1101/422477v2.

P. 195 : L'anhédonie musicale : https://www.ncbi.nlm.nih.gov/pmc/articles/PMC5135354/.

P. 195 : Une région impliquée dans la hiérarchisation des relations familiales : https://www.nature.com/articles/s41467-020-16489-x/.

P. 195 : La richesse de motifs d'expression génétique qui détermine la diversité cellulaire dans le cerveau et le guidage neuronal : https://www.ncbi.nlm.nih.gov/pmc/articles/PMC6086934/ ; https://www.ncbi.nlm.nih.gov/pmc/articles/PMC6447408/ ; https://www.biorxiv.org/content/10.1101/2020.03.31.016972v2 ; https://www.biorxiv.org/content/10.1101/2020.07.02.184051v1 ; https://www.ncbi.nlm.nih.gov/pmc/articles/PMC5292032/.

P. 198 : Réflexe de *Moro :* https://en.wikipedia.org/wiki/Moro_reflex.

Épilogue

P. 201 : Tumeur du tronc cérébral qui avait emporté la petite fille qui louchait : https://www.ncbi.nlm.nih.gov/pmc/articles/PMC5891832 ; https://www.ncbi.nlm.nih.gov/pmc/articles/PMC5462626 ; https://www.ncbi.nlm.nih.gov/pmc/articles/PMC6214371.

P. 202 : Le dernier Néandertalien était peut-être aussi le dernier survivant de la vague d'êtres humains modernes : https://www.ncbi.nlm.nih.gov/pmc/articles/PMC4933530/ ; https://www.biorxiv.org/content/10.1101/687368v1.

P. 203 : Étudier le fonctionnement de la channelrhodopsine : https://www.ncbi.nlm.nih.gov/pmc/articles/PMC5723383/ ; https://www.ncbi.nlm.nih.gov/pmc/articles/PMC6340299/ ; https://www.ncbi.nlm.nih.gov/pmc/articles/PMC6317992/ ; https://www.ncbi.nlm.nih.gov/pmc/articles/PMC4160518/.

P. 204 : Travaux menés depuis 150 ans sur la réponse à la lumière de micro-organismes : https://www.ncbi.nlm.nih.gov/pmc/articles/PMC5723383/.

P. 205 : L'artiste performer Joan Jonas : https://twitter.com/KyotoPrize/status/1064378354168606721.

P. 206 : Les estimations varient énormément, de 1 à 7 % : https://www.ncbi.nlm.nih.gov/books/NBK55333/.

P. 207 : Une explication tentante est que la technologie entraîne très vite l'extinction : https://en.wikipedia.org/wiki/Fermi_paradox.

P. 207 : Il existe une composante héritable : https://www.ncbi.nlm.nih.gov/pmc/articles/PMC6309228/ ; https://www.ncbi.nlm.nih.gov/pmc/articles/PMC5048197/.

P. 207 : Des gènes ont été associés à la sociopathie et aux comportement agressifs : https://www.ncbi.nlm.nih.gov/pmc/articles/PMC2430409/ ; https://www.ncbi.nlm.nih.gov/pmc/articles/PMC6274606/ ; https://www.ncbi.nlm.nih.gov/pmc/articles/PMC6433972/ ; https://www.ncbi.nlm.nih.gov/pmc/articles/PMC5796650/.

P. 208 : Un violent comportement d'agression contre une souris de la même cage : https://www.ncbi.nlm.nih.gov/pmc/articles/PMC3075820/.

P. 209 : jusque-là l'apanage des traités philosophiques : https://www.sciencedirect.com/science/article/pii/S0896627313011355?via%3Dihub.

P. 210 : Une étude de 2020, enregistrant à une large échelle l'activité des cerveaux de l'homme et de la souris : https://www.ncbi.nlm.nih.gov/pmc/articles/PMC7553818/.

P. 210 : Une poignée de cellules parmi des milliers d'apparence toutes similaires, mais aussi de cellules isolées que l'on pouvait manipuler : https://www.ncbi.nlm.nih.gov/pmc/articles/PMC5296409/ ; https://www.ncbi.nlm.nih.gov/pmc/articles/PMC5734860/ ; https://www.ncbi.nlm.nih.gov/pmc/articles/PMC3518588/.

P. 211 : Nous pouvions choisir un groupe de cellules : https://www.ncbi.nlm.nih.gov/pmc/articles/PMC6447429/ ; https://www.ncbi.nlm.nih.gov/pmc/articles/PMC6711485 ; https://www.biorxiv.org/content/10.1101/394999v1.

P. 211 : Les cellules qui répondent normalement aux seules bandes verticales qu'on leur présente, peuvent être transformées par l'optogénétique : https://www.ncbi.nlm.nih.gov/pmc/articles/PMC6711485.

P. 212 : Un renouveau des anciennes expériences de pensée philosophiques : https://en.wikipedia.org/wiki/Einstein%27s_thought_experiments.

Remerciements

J'exprime ici toute ma reconnaissance à ceux qui m'ont aidé à produire ce travail, et m'ont soutenu de toute leur énergie pendant les moments difficiles. Je pense ici, avec la plus grande émotion, à Aaron Andalman, Sarah Caddick, Patricia Churchland, Louise Deisseroth, Scott Delp, Lief Fenno, Lindsay Halladay, Alizeh Iqbal, Karina Keus, Tina Kim, Anatol Kreitzer, Chris Kroeger, Rob Malenka, Michelle Monje, Laura Roberts, Neil Shubin, Vikaas Sohal, Kay Tye, Xiao Wang, et Moriel Zelikowsky pour leurs remarques et commentaires, ainsi qu'à mon inépuisable agent Jeff Silberman, et mon superbe éditeur Andy Ward qui a toujours beaucoup plus cru à cette histoire que moi. Je remercie surtout tous ceux qui ont partagé un bout de chemin avec moi, faisant ainsi nos histoires se rejoindre, un moment du moins.

Table des matières

83575 - (I) - OSB 80° - NOC - LRN

Imprimerie CHIRAT
42540 Saint-Just-la-Pendue
Dépôt légal : août 2022 - N° 202207.0178
Imprimé en France